建筑结构隔震设计简明原理与工程应用

马智刚　编著

中国建筑工业出版社

图书在版编目（CIP）数据

建筑结构隔震设计简明原理与工程应用/马智刚编
著. —北京：中国建筑工业出版社，2017.4
ISBN 978-7-112-20223-2

Ⅰ.①建… Ⅱ.①马… Ⅲ.①建筑结构-抗震设计
Ⅳ.①TU352.104

中国版本图书馆 CIP 数据核字（2017）第 004571 号

本书共 5 章 6 个附录。第 1 章简单介绍了地震的基本知识；第 2 章为隔震
结构设计的基本原理；第 3、4 章主要介绍了隔震设计实际操作内容以及用
YJK 软件如何进行设计，并介绍了一个实际的工程案例；第 5 章介绍隔震设计
需着重注意的问题；附录中列出了做隔震设计的一些常用资料，便于大家
查阅。

本书可作为隔震设计人员的入门参考书。

责任编辑：李天虹
责任设计：王国羽
责任校对：陈晶晶　李欣慰

建筑结构隔震设计简明原理与工程应用
马智刚　编著
*
中国建筑工业出版社出版、发行（北京海淀三里河路 9 号）
各地新华书店、建筑书店经销
北京佳捷真科技发展有限公司制版
北京君升印刷有限公司印刷
*
开本：787×1092 毫米　1/16　印张：6¾　字数：164 千字
2017 年 4 月第一版　2017 年 4 月第一次印刷
定价：**28.00** 元
ISBN 978-7-112-20223-2
（29709）

前　言

我国是地震高发国家，地震多、分布广、强度大、震源浅、灾害重是我国的基本国情之一。据统计，在占全球陆地总面积 7% 的国土上，发生了占全球 35% 的 7 级以上大陆地震。2008 年 5 月 12 日汶川发生 8.0 级大地震，重创约 50 万平方公里的中国大地，倒塌房屋约 600 万间，造成 10 万多人伤亡。国务院决定，自 2009 年起，每年 5 月 12 日为全国防灾减灾日。对房屋建筑采取抗震措施提高抗震能力，是减轻人员伤亡、经济损失和社会影响的根本途径。

我国于 2016 年 6 月 1 日实施的新一代地震区划图已实现全国所有区域均应进行抗震设防。提高建筑物的抗震能力原来常采用"硬抗"的方式，相对于这种传统的"硬抗"、"以刚克刚"方式的是"以柔克刚"的结构"隔震"设计。

结构隔震是通过在建筑物上部结构与基础之间或者在上部结构与下部结构之间设置隔震层，地震产生的能量在向上部结构传递过程中，大部分被柔性隔震层吸收，仅有少部分传递到上部结构。国内外的大量试验和工程经验表明：隔震结构一般可使结构的水平地震加速度反应降低 60% 左右，从而消除或有效地减轻结构和非结构构件的地震损坏，增加了结构的抗震性能。

本书第 1 章简单介绍了地震的基本知识，使读者对地震现象有更深入的认识；第 2 章为隔震结构设计的基本原理，尽量简明扼要，避免冗长，使初学隔震设计的工程师明白最简明的理论；第 3，4 章主要介绍了隔震设计实际操作内容以及用 YJK 软件怎么进行设计，并介绍了一个实际的工程案例，为大家进行隔震结构设计提供参考；第 5 章介绍隔震设计需着重注意的问题；最后的附录内容比较丰富，列出了做隔震设计的一些常用资料，便于大家查阅学习。

本书集理论与实践为一体，实用性强。工程师孙凯、赵晓雷在整理资料和文本编排方面做了部分工作；北京盈建科软件有限责任公司、衡水震泰隔震器材有限公司以及迹建筑事务所（TAO）的资料为本书的出版提供了较大帮助，在此一并表示感谢。本书可供初学隔震设计者作为入门参考书。

本书写作过程中引用了较多学者的文献资料并得到了各位专家学者的支持和帮助，在此一并表示感谢。书中有不少资料来源于互联网，因为作者不详或其他原因，未能对一些资料和图片的出处注明，敬请原作者谅解。由于编写时间仓促、作者水平有限，书中难以详尽所有技术内容及细节，并且书中缺点、错误在所难免，敬请各位专家、同行和广大读者批评指正。

目　　录

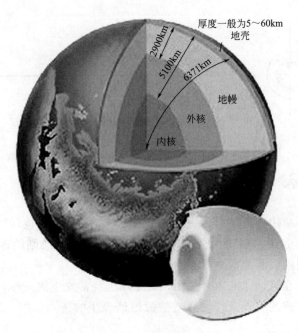

图 1.1　地球构造图

生最多的一层，世界上 90% 以上的地震就发生在地壳内。

地壳层下面是地幔层，地幔层最深处平均距地面约 2900km。地幔又分为上地幔和下地幔。上地幔上部主要由一种叫作橄榄岩的非常坚硬的岩石物质组成，它和最外层的地壳合称为地球的岩石圈（层），岩石圈（层）厚度大约为 80～100km。上地幔下部由刚性和弹性相对较低的物质构成，在长期力的作用下，可能产生流动，称为软流圈（层）。有些地震也可能发生在地幔中，现在知道的最深的地震发生在地下 700km 处。下地幔的成分比较均一，但因处于极端高温和高压环境，其岩石呈现为塑性状态。

地幔层以下是地核层，是地球的中心部分，地核层又分为外核和内核。地球中心的温度很高，据推测，最高温度可达 3000～5000℃，越接近地心，温度越高。地球内部的压力也很大，推测最高可达 300 万个大气压，其中在内核地心处最高。

地球上每天都要发生上万次地震，这些地震都发生在地壳和上地幔中的特殊部位，我们把地球内部发生地震的地方叫作震源（图 1.2）。理论上常将震源看成一个点，而实际上它是具有一定规模的一个区域。

震源在地面的投影叫震中。与震源的概念相类似，实际上的震中也是一个区域，即震中区。地面上其他地点到震中的距离，叫震中距；到震源的距离叫震源距；将震源看作一个点，此点到地面的垂直距离叫震源深度。地震可以发生在地表以下几千米至数百千米，而绝大部分地震的震源深度都是几十千米。根据震源深度，可以分为浅源地震、中源地震和深源地震。震源深度在 60km 以内的地震为浅源地震，震源深度超过 300km 的地震为深源地震，震源深度为 60～300km 的地震为中源地震。同样强度的地震，震源越浅，所造成的影响或破坏越严重。我国境内发生的绝大多数地震为浅源地震。

地震波是指从震源产生向四外辐射的弹性波。地震发生时，震源区的介质发生急速的破裂和运动，这种扰动构成一个波源。由于地球介质的连续性，这种波动就向地球内部及

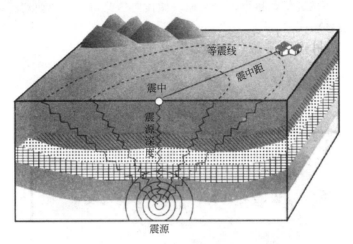

图 1.2　地震构造示意图

表层各处传播开去，形成了连续介质中的弹性波。按传播方式可分为三种类型：纵波、横波和面波。纵波是推进波，地壳中传播速度为 $5.5\sim7km/s$，最先到达震中，又称 P 波，它使地面发生上下振动，破坏性较弱。横波是剪切波，在地壳中的传播速度为 $3.2\sim4.0km/s$，第二个到达震中，又称 S 波，它使地面发生前后、左右抖动，破坏性较强（图1.3）。面波是混合波，其波长大、振幅强，只能沿地表面传播，是造成建筑物强烈破坏的主要因素。

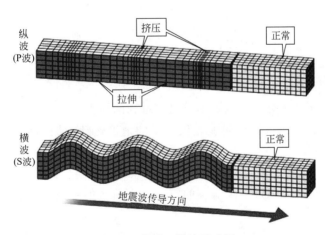

图 1.3　纵波、横波示意图

在没有边界的均匀无限介质中，只能有 P 波和 S 波存在，它们可以在三维空间中向任何方向传播，所以又叫作体波。但地球是有限的，有边界的。在界面附近，纵波与横波在地表相遇后激发产生混合波，它们只能沿着界面传播，只要离开界面即很快衰减，这种波称为面波，面波又分为勒夫波和瑞利波。

面波的传播速度比体波慢，因此常比体波晚到，但振幅往往很大，振动周期较长。如果地震的震源较深，震级较小，则面波就不太发育。如果地震非常强烈，面波可能在震后围绕地球运行数日。面波实际上是体波在地表衍生而成的次生波。面波的传播较为复杂，既可以引起地表上下的起伏，也可以引起地表做横向的剪切，其中剪切运动对建筑物的破坏最为强烈（图1.4）。

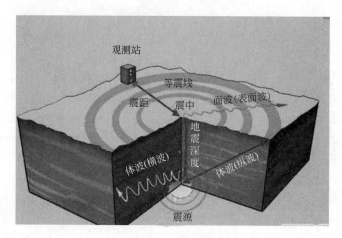

图1.4 体波、面波示意图

地震发生后，政府常常会第一时间发布地震震级数据。震级是衡量地震本身能量大小的标尺，它与震源释放出来的弹性波能量有关。震级越高，表明震源释放的能量越大；震级相差一级，能量相差约32倍。

里氏震级是目前国际通用的地震震级标准，震级通常是通过地震仪记录到的地面运动的振动幅度来测定的。

$$M = \log A \tag{1}$$

式中　M——震级；

　　　A——标准地震仪在距震中100km处记录的以微米为单位的最大水平地动位移（单振福）。

如在距离震中100km处之观测点地震仪记录到的最大水平位移为$1\mu m$的地震，其震级为0级。如果距震中100km处的地震仪测得的地面运动的振动幅度为1mm（$10^3 \mu m$）的话，则震级为里氏3级。

由于地震波传播路径、地震台台址条件等的差异，不同台站所测定的震级不尽相同，所以常常取各台的平均值作为一次地震的震级，高质量的台站数据越多，测定的结果越准确。

地震发生时，距震中较近的台站常会因为仪器记录振幅"超出标定范围"而难以确定震级，此时就必须借助更远的台站来测定。随着研究工作开展，更多台站加入震级计算的阵营中，台站分布也变得更均匀、合理，研究人员也有更充裕的时间去挑选优秀的地震波，进行更细致的计算，震级的测定因此也随时间的推移而不断修正。所以，地震过后一段时间对震级进行修订是正常的事情。

一般将小于1级的地震称为超微震；大于等于1级，小于3级的称为弱震或微震；大于等于3级，小于4.5级的称为有感地震；大于等于4.5级，小于6级的称为中强震；大于等于6级，小于7级的称为强震；大于等于7级的称为大地震，其中8级及8级以上的称为巨大地震。

大于里氏5.0级的地震，会造成建筑物不同程度的损坏，称为破坏性地震。里氏4.5级以上的地震可以在全球范围内监测到。迄今为止，世界上记录到最大的地震为8.9级（后修订为里氏9.5级），是1960年发生在南美洲的智利地震。

最近百年来，在我国境内发生的巨大地震有以下几次：1902年3月20日新疆维吾尔自治区阿图什北的8.2级地震，1920年6月5日台湾大港口东的8.0级地震，1920年12月16日宁夏海原发生的8.5级地震，1927年5月23日甘肃古浪的8.0级地震，1950年8月15日西藏察隅、墨脱间的8.6级地震，1951年11月18日西藏当雄西北的8.0级地震，1972年1月25日台湾火烧岛以东海中的8.0级地震和2008年5月12日汶川8.0级地震。

震级是一次地震动能量大小的度量，而烈度则是场地破坏程度的度量。地震烈度是衡量地震影响和破坏程度的一把"尺子"。震级反映地震本身的大小，只与地震释放的能量多少有关；而烈度则反映的是地震的后果，一次地震后不同地点烈度不同。打个比方，如果震级是一盏灯泡的瓦数，则烈度就是某一点受光亮照射的程度，它不仅与灯泡的功率有关，而且与距离的远近有关。因此，一次地震只有一个震级，而烈度则各地不同。一般而言，震中地区烈度最高，震中烈度一般为震级的1.3倍左右，随着震中距加大，烈度逐渐减小。例如，1976年唐山地震，震级为7.8级，震中烈度为Ⅺ度；受唐山地震影响，天津市区烈度为Ⅷ度，北京市多数地区烈度为Ⅵ度，再远到石家庄、太原等地烈度就更低了。

烈度的大小，是根据人的感觉、家具及物品振动的情况、房屋及建筑物受破坏的程度以及地面出现的破坏现象等确定的。影响烈度的大小有下列因素：地震等级、震源深度、震中距离、土壤和地质条件、建筑物的性能、震源机制、地貌和地下水等。例如，在其他条件相同的情况下，震级越高，烈度也越大。地震烈度反映的是一定地域范围内（如自然村或城镇部分区域）地震破坏程度的平均水平，须由科技人员通过现场调查予以评定。

地震烈度表是用于说明地震烈度的等级划分、评定方法与评定标志的技术标准，各国所采用的烈度表不尽相同（如日本采用8度表）。我国评定地震烈度的技术标准是《中国地震烈度表》，它将烈度划分为12度，如下：

Ⅰ度：无感——仅仪器能记录到

Ⅱ度：微有感——个别敏感的人在完全静止中有感

Ⅲ度：少有感——室内少数人在静止中有感，悬挂物轻微摆动

Ⅳ度：多有感——室内大多数人，室外少数人有感，悬挂物摆动，器皿不稳作响

Ⅴ度：惊醒——室外大多数人有感，家畜不宁，门窗作响，墙壁表面出现裂纹

Ⅵ度：惊慌——人站立不稳，家畜外逃，器皿翻落，简陋棚舍损坏，陡坎滑坡

Ⅶ度：房屋损坏——房屋轻微损坏，牌坊、烟囱损坏，地表出现裂缝及喷沙冒水

Ⅷ度：建筑物破坏——房屋多有损坏，少数破坏，路基塌方，地下管道破裂

Ⅸ度：建筑物普遍破坏——房屋大多数破坏，少数倾倒，牌坊、烟囱等崩塌，铁轨弯曲

Ⅹ度：建筑物普遍摧毁——房屋倾倒，道路毁坏，山石大量崩塌，水面大浪扑岸

Ⅺ度：毁灭——房屋大量倒塌，路基堤岸大段崩毁，地表产生很大变化

ⅩⅡ度：山川易景——一切建筑物普遍毁坏，地形剧烈变化，动植物遭毁灭

其评定依据之一是：Ⅰ～Ⅴ度以地面上人的感觉为主；Ⅵ～Ⅹ度以房屋震害为主，人

的感觉仅供参考；Ⅺ、Ⅻ度以房屋破坏和地表破坏现象为主。按这个烈度表的评定标准，一般而言，烈度为Ⅲ～Ⅴ度时人们有感，Ⅵ度以上有破坏，Ⅸ～Ⅹ度破坏严重，Ⅺ度以上为毁灭性破坏。

早期的烈度表完全以地震造成的宏观后果为依据来划分烈度等级。但宏观烈度表不论制订得如何完善，终究用的是定性的判据，不能排除观察者的主观因素。为此人们一直在寻找一种物理标准来评定烈度，这种物理标准既要同震害现象密切相关，又要便于用仪器测定。首先被研究的物理量是地震时的地面加速度峰值。因为一般认为地震引起的破坏是地震惯性的力量造成的，而这种力量又取决于地面加速度的大小。这样就给烈度的每一等级附加上地面加速度峰值。结果表明，烈度每增加一度，加速度大约增加一倍。后来加入烈度表的物理量还有地面速度峰值。中国现行的烈度表已经加入了加速度和速度两项物理量数据（表1.1）。

中国地震烈度表

表 1.1

烈度	在地面上人的感觉	房屋震害程度		其他震害现象	水平向地面运动	
		震害现象	平均震害指数		峰值加速度（m/s²）	峰值速度（m/s）
Ⅰ	无感					
Ⅱ	室内个别静止中人有感觉					
Ⅲ	室内少数静止中人有感觉	门、窗轻微作响		悬挂物微动		
Ⅳ	室内多数人、室外少数人有感觉，少数人梦中惊醒	门、窗作响		悬挂物明显摆动，器皿作响		
Ⅴ	室内普遍、室外多数人有感觉，多数人梦中惊醒	门窗、屋顶、屋架颤动作响，灰土掉落，抹灰出现微细裂缝，有檐瓦掉落，个别屋顶烟囱掉砖		不稳定器物摇动或翻倒	0.31（0.22～0.44）	0.03（0.02～0.04）
Ⅵ	多数人站立不稳，少数人惊逃户外	损坏——墙体出现裂缝，檐瓦掉落，少数屋顶烟囱裂缝、掉落	0～0.10	河岸和松软土出现裂缝，饱和砂层出现喷砂冒水；有的独立砖烟囱轻度裂缝	0.63（0.45～0.89）	0.06（0.05～0.09）
Ⅶ	大多数人惊逃户外，骑自行车的人有感觉，行驶中的汽车驾乘人员有感觉	轻度破坏——局部破坏，开裂，小修或不需要修理可继续使用	0.11～0.30	河岸出现坍方；饱和砂层常见喷砂冒水，松软土地上地裂缝较多；大多数独立砖烟囱中等破坏	1.25（0.90～1.77）	0.13（0.10～0.18）
Ⅷ	多数人摇晃颠簸，行走困难	中等破坏——结构破坏，需要修复才能使用	0.31～0.50	干硬土上亦出现裂缝；大多数独立砖烟囱严重破坏；树梢折断；房屋破坏导致人畜伤亡	2.50（1.78～3.53）	0.25（0.19～0.35）

续表

| 烈度 | 在地面上人的感觉 | 房屋震害程度 | | 其他震害现象 | 水平向地面运动 | |
		震害现象	平均震害指数		峰值加速度（m/s²）	峰值速度（m/s）
Ⅸ	行动的人摔倒	严重破坏——结构严重破坏，局部倒塌，修复困难	0.51～0.70	干硬土上出现许多地方有裂缝；基岩可能出现裂缝、错动；滑坡塌方常见；独立砖烟囱许多倒塌	5.00 (3.54～7.07)	0.50 (0.36～0.71)
Ⅹ	骑自行车的人会摔倒，处不稳状态的人会摔离原地，有抛起感	大多数倒塌	0.71～0.90	山崩和地震断裂出现；基岩上拱桥破坏；大多数独立砖烟囱从根部破坏或倒毁	10.00 (7.08～14.14)	1.00 (0.72～1.41)
Ⅺ		普遍倒塌	0.91～1.00	地震断裂延续很长；大量山崩滑坡		
Ⅻ				地面剧烈变化，山河改观		

注：表中的数量词："个别"为10%以下；"少数"为10%～50%；"多数"为50%～70%；"大多数"为70%～90%；"普遍"为90%以上。

地震发生后，常常要第一时间选派专业人士赴地震区进行地震灾害调查。震后调查结束后，将各烈度评定点的结果标示在适当比例尺的地图上，然后由高到低把烈度相同点的外包线（即等震线）勾画出来，便构成地震烈度分布图。

震中区的烈度称为震中烈度，唐山、汶川地震的震中烈度都达到Ⅺ度。一般而言，震中地区烈度最高，随着震中距加大，烈度逐渐减小。但是也存在局部地区的烈度高于或低于周边烈度的现象，如果这种烈度异常点连片出现，则可划分出一个局部的烈度异常区。

造成烈度异常的原因往往是场地条件：软弱场地易加重震害，形成高烈度异常区；坚硬场地则可减小震害，形成低烈度异常区。这也是地震破坏程度并非随震中距的加大而一致减小的原因。

1.2 地震成因

根据地震的形成原因，地震可分为构造地震、火山地震、陷落地震和诱发地震四种类型。

1. 构造地震

1912年德国学者A·L·魏格纳提出了大陆漂移说。20世纪60年代初美国地质学家H.H.赫斯和R.S.迪茨在古地磁学研究的基础上提出了海底扩张说。1965年加拿大人J·T·威尔逊建立转换断层概念，确立了板块构造学的基本原理（图1.5）。

板块构造学说认为地球上层构造根据物理性质在垂向上可以分为两个截然不同的层圈，即下部塑性的软流圈和上部刚性的岩石圈。岩石圈在侧向上被地震带所分割，形成若干大小不一的块体，称为岩石圈板块，简称板块。板块的厚度变化较大，约在几十至

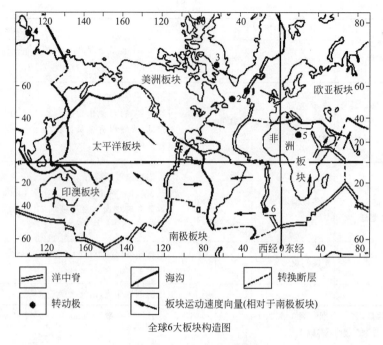

全球6大板块构造图

图 1.5　地球板块构造图

200km，地球表面分布着 6 大板块，即太平洋板块、亚欧板块、非洲板块、美洲板块、印度洋板块（包括澳洲）和南极洲板块。其中除太平洋板块几乎全为海洋外，其余五个板块既包括大陆又包括海洋。

地球是一个巨大的实心椭圆球体，平均半径为 6371km。地壳平均厚度为 35.4km，由各种岩石和土壤层组成。地球的中间层地幔，厚度约为 2900km，由成分复杂的岩浆物组成，温度高达 1000～2000℃。地球最内部叫作地核，半径约为 3470km，由铁、镍等很"重"的物质构成，温度可达 5000℃，压力高达几百万帕斯卡。地壳本身并不完整，厚薄也不均匀，而是分成几大块"板块"，在地球内部巨大力量（主要认为是地幔对流引起的）的推动下，这些"板块"像是在地幔的岩浆上"漂浮"，或因互相接近而挤压、俯冲，或因互相远离而发生拖拽，形成岩石层复杂的运动。岩石层通过数亿年缓慢的运动，造出了如青藏高原、喜马拉雅山脉这样的高原峻岭，也造出了大西洋、印度洋这样的浩瀚大海，形成了今天地球七大洲四大洋的格局。在岩石层缓慢运动的同时，岩石层局部不断发生急剧的断裂和错动，造成了大大小小的地震。日本是一个地震、火山活动频繁的国家，这与日本列岛处在太平洋板块向欧亚板块俯冲的交界区域有关。据统计，全球有 85% 的地震发生在板块边界上，仅有 15% 的地震与板块边界的关系不那么明显。这就说明，板块运动过程中的相互作用，是引起地震的重要原因。

构造地震是由地壳运动所引起的地震。地壳运动是长期的、缓慢的，一旦地壳所积累的地应力超过了组成地壳岩石极限强度时，岩石就要发生断裂而引起地震。也就是地应力从逐渐积累到突然释放时才发生地震。地壳岩石层在力的作用下会形成褶皱；褶皱进一步弯曲就会折断，形成断裂；断裂两边进一步位置错动，形成断层。褶皱的形成是非常缓慢的，而褶皱断裂、错动却往往发生于瞬间。构造地震就是地壳中的岩石突然断裂、错动引起的地面振动（图 1.6）。

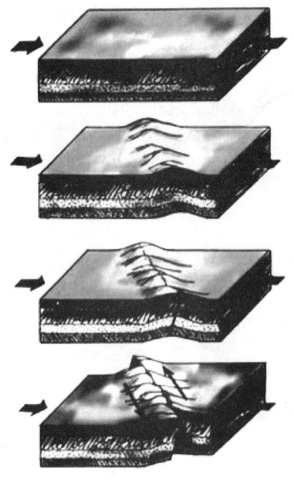

图 1.6　构造地震示意图

　　世界上发生的多数构造地震基本在地壳的岩石层内，也有的发生在地幔的上部。地壳运动的速度非常慢，要几十年，甚至上百年移动一厘米，但它却是造成地面（包括海底）凸凹不平的主要原因。

　　由构造运动所引发的地震称为构造地震。此种地震约占地震总数的 90%，世界上绝大多数震级较大的地震均属此类型。此类地震的特点为活动频繁，延续时间长，影响范围广，而破坏性也最大。9·21 集集大地震及新疆巴楚的大地震均属构造地震。

　　2. 火山地震

　　由火山活动所引起的地震称为火山地震（图 1.7）。由于火山活动时，岩浆及其挥发物质向上移动，一旦冲破火山口附近的围岩时即会产生地震。此类地震有时发生在火山喷发前夕，可成为火山活动的前兆，有时直接伴随火山喷发而发生。通常火山地震的强度不太大、震源也较浅，因此，其影响的范围也较小。此类地震为数不多，主要见于现代火山的分布地区。

图 1.7　火山地震示意图

3. 陷落地震

石灰岩地区，经地下水溶蚀后常可形成许多地下洞坑，如果坑洞不断地扩大，最后导致坑洞的上覆岩石突然陷落，由此所引起的地震称为陷落地震（图 1.8）。此类地震震源极浅，影响范围很小，主要见于石灰岩及其他易溶岩石地区和一些煤、矿资源发达的地区。

图 1.8　陷落地震示意图

4. 诱发地震

由人为因素所引起的地震称为诱发地震。例如水库地震和人工爆破地震等。水库地震为由水库蓄水而引发的地震。因为水库蓄水后，厚层水体的静压力作用改变了地下岩石的应力，加上水库中的水沿着岩石裂隙、孔隙和空洞渗透到岩层中，形成润滑剂的作用，最后导致岩层滑动或断裂，并进而引起地震。此种地震的起因为水库的压力，但地震形式属于断层地震。地下核爆炸时产生的短暂巨大压力脉冲，也可诱发原有的断层再度发生滑动因而造成地震。

根据板块构造将全球划分为三大地震带，环太平洋地震带：分布在太平洋周围，像一个巨大的花环，把大陆与海洋分隔开来；欧亚地震带：从地中海向东，一支经中亚至喜马拉雅山，然后向南经我国横断山脉，过缅甸，呈弧形转向东，至印度尼西亚，另一支从中亚向东北延伸，至堪察加，分布比较零散；海岭地震带：是从西伯利亚北岸靠近勒那河口开始，穿过北极经斯匹次卑根群岛和冰岛，再经过大西洋中部海岭到印度洋的一些狭长的海岭地带或海底隆起地带，并有一分支穿入红海和著名的东非裂谷区。

我国位于世界两大地震带——环太平洋地震带与欧亚地震带之间，受太平洋板块、印度板块和菲律宾海板块的挤压，地震断裂带十分发育。20 世纪以来，我国共发生 6 级以上地震近 800 次，遍布除贵州、浙江两省和香港特别行政区以外所有的省、自治区、直辖市。

1900年以来，中国死于地震的人数达几十万之多，占全球地震死亡人数的一半以上，地震灾害严重是中国的基本国情之一。

中国地震带分布在华北地震区、青藏高原地震区、新疆地震区、台湾地震区和华南地震区的东南沿海外带地震带。

1. "华北地震区"：包括河北、河南、山东、内蒙古、山西、陕西、宁夏、江苏、安徽等省的全部或部分地区。在五个地震区中，它的地震强度和频度仅次于"青藏高原地震区"，位居全国第二。由于首都圈位于这个地区内，所以格外引人关注。据统计，该地区有据可查的8级地震曾发生过5次；7～7.9级地震曾发生过18次。加之它位于我国人口稠密、大城市集中、政治和经济、文化、交通都很发达的地区，地震灾害的威胁极为严重。

华北地震区共分四个地震带：

(1) 郯城-营口地震带：包括从宿迁至铁岭的辽宁、河北、山东、江苏等省的大部或部分地区，是我国东部大陆区一条强烈地震活动带。1668年山东郯城8.5级地震、1969年渤海7.4级地震、1974年海城7.4级地震就发生在这个地震带上，据记载，本带共发生4.7级以上地震60余次。其中7～7.9级地震6次，8级以上地震1次。

(2) 华北平原地震带：南界大致位于新乡-蚌埠一线，北界位于燕山南侧，西界位于太行山东侧，东界位于下辽河-辽东湾凹陷的西缘，向南延到天津东南，经济南东边达宿州一带，是对京、津、唐地区威胁最大的地震带。1679年河北三河8.0级地震、1976年唐山7.8级地震就发生在这个带上。据统计，本带共发生4.7级以上地震140多次。其中7～7.9级地震5次，8级以上地震1次。

(3) 汾渭地震带：北起河北宣化－怀安盆地、怀来－延庆盆地，向南经阳原盆地、蔚县盆地、大同盆地、忻定盆地、灵丘盆地、太原盆地、临汾盆地、运城盆地至渭河盆地，是我国东部又一个强烈地震活动带。1303年山西洪洞8.0级地震、1556年陕西华县8.0级地震都发生在这个带上。1998年1月张北6.2级地震也在这个带的附近。有记载以来，本地震带内共发生4.7级以上地震160次左右。其中7～7.9级地震7次，8.0级以上地震2次。

(4) 银川-河套地震带：位于河套地区西部和北部的银川、乌达、磴口至呼和浩特以西的部分地区。1739年宁夏银川8.0级地震就发生在这个带上。本地震带内，历史地震记载始于公元849年，由于历史记载缺失较多，据已有资料，本带共记载4.7级以上地震40次左右。其中6～6.9级地震9次，8级以上地震1次。

2. "青藏高原地震区"：包括兴都库什山、西昆仑山、阿尔金山、祁连山、贺兰山－六盘山、龙门山、喜马拉雅山及横断山脉东翼诸山系所围成的广大高原地域。涉及青海、西藏、新疆、甘肃、宁夏、四川、云南全部或部分地区，以及俄罗斯、阿富汗、巴基斯坦、印度、孟加拉、缅甸、老挝等国的部分地区。

本地震区是我国最大的一个地震区，也是地震活动最强烈、大地震频繁发生的地区。据统计，这里8级以上地震发生过9次，7～7.9级地震发生过78次，均居全国之首。

3. "台湾地震区"：地处太平洋板块、菲律宾板块和欧亚板块相互作用的边界地区，自古以来就是中国地震的多发区。台湾地震带主要有三个：西部地震带、东部地震带及东北部地震带。西部地震带包括整个台湾西部地区，主要因为板块碰撞前缘的断层作用而引发地震活动，震源深度较浅，由于人口稠密，因此大地震容易造成灾情。东部地震带因菲律宾海板块与欧亚板块碰撞所造成，地震频率高，震源深度较深。东北部地震带受冲绳海槽扩张作用影响，多属浅层地震，并伴随有地热与火山活动现象。

4. "新疆地震区"：是我国发生过 8 级地震的地震区。这里不断发生强烈破坏性地震也是众所周知的。由于新疆地震区人烟稀少、经济欠发达，尽管强烈地震较多，也较频繁，但多数地震发生在山区，造成的人员和财产损失与我国东部几条地震带相比要小许多。

5. "华南地震区"的"东南沿海外带地震带"：这里历史上曾发生过 1604 年福建泉州 8.0 级地震和 1605 年广东琼山 7.5 级地震。但从那时起到现在的 400 多年间，无显著破坏性地震发生。

通过对历史地震和现今地震大量资料的统计，发现地震活动在时间上的分布是不均匀的：一段时间发生地震较多，震级较大，称为地震活跃期；另一段时间发生地震较少，震级较小，称为地震活动平静期；表现出地震活动的周期性。每个活跃期均可能发生多次 7 级以上地震，甚至 8 级左右的巨大地震。地震活动周期可分为几百年的长周期和几十年的短周期；不同地震带活动周期也不尽相同。

根据历史记载，我国历史上第一次震情最严重的时期是 1550～1750 年，此时正值我国明、清时期，在这 200 年中共计发生 7 级以上地震 24 次，其中 8 级以上地震 7 次。仅据几次大地震统计，此段时间因地震死亡人数达 100 多万人，其中以华北地区震情最重。19 世纪的 100 年中震情也比较严重，共发生 7 级以上地震 20 次，其中 8 级地震 3 次，此时大地震主要发生在我国西部地区。

20 世纪初、20 世纪 20 年代前后、20 世纪 50 年代前后、20 世纪 70 年代前后、21 世纪初都是震情比较严重的时期，这也是我国大陆地区几次强震活跃的时间。

1.3 地震危害

地震灾害是指由地震引起的强烈地面振动及伴生的地面裂缝和变形，使各类建（构）筑物倒塌和损坏，设备和设施损坏，交通、通信中断和其他生命线工程设施等被破坏，以及由此引起的火灾、爆炸、瘟疫、有毒物质泄漏、放射性污染、场地破坏等造成人畜伤亡和财产损失的灾害。地震灾害具有突发性和不可预测性，且频度较高，并产生严重次生灾害，对社会产生很大的影响。

我国地震发生频繁，地震强度大，且绝大多数是发生在大陆地区的浅源地震，震源深度大多只有十几至几十千米。我国许多人口稠密地区，如台湾、福建、四川、云南等，都处于地震的多发地区，约有一半城市处于地震多发区或强震波及区。由于我国经济不够发达，广大农村和相当一部分城镇，建筑物质量不高，抗震性能差，抗御地震的能力低。因此我国地震灾害十分严重。

地震作为一种自然现象本身并不可怕，"地震本身不杀人，地震后倒塌的房屋才杀人"。当地震达到一定强度，发生在有人类生存的空间，且人们对它没有足够的抵御能力时，便可造成灾害。地震越强，人口越密，抗御能力越低，灾害越严重。

地震灾害可分为地震直接灾害和地震次生灾害。

地震直接灾害是指由地震的原生现象，如地震断层错动，大范围地面倾斜、升降和变形，以及地震波引起的地面震动等所造成的直接后果。包括：

——建筑物和构筑物的破坏或倒塌（图 1.9）；

图 1.9　房屋倒塌

——地面破坏，如地裂缝、地基沉陷、喷水冒砂等（图 1.10～图 1.12）；

图 1.10　地裂缝

图 1.11　地基沉陷

图 1.12　喷水冒砂

　　——山体等自然物的破坏，如山崩、滑坡、泥石流等（图 1.13～图 1.15）；

　　——水体的振荡，如海啸、湖震等（图 1.16）；

　　——其他，如地光烧伤人畜等。

　　以上破坏是造成震后人员伤亡、生命线工程毁坏、社会经济受损等灾害后果最直接、最重要的原因。

　　次生灾害一般是指地震强烈震动后，以震动的破坏后果为导因而引起的一系列其他灾害。例如，地震发生时，震动使水库大坝破坏，造成溃坝而引起水灾；震动使化工企业的管道出现断裂，造成有毒危险物质溢出，引起新的灾害（图 1.17、图 1.18）。

　　地震次生灾害种类很多，有火灾、毒气污染、细菌污染、水灾、放射性污染、瘟疫等，这些灾害可称作物理性次生灾害。还有一类次生灾害称心理性次生灾害，如震时或震后盲目避震、盲目搭建防震棚等引起伤亡和损失。

图 1.13　山崩

图 1.14　滑坡

图 1.15　泥石流

图 1.16　海啸

图 1.17　地震溃坝引起水灾　　　　　　图 1.18　地震引发火灾

　　从大量的事例来看，最主要的地震次生灾害有：①火灾。常由地震震动造成炉具倒塌、漏电、漏气及易燃易爆物品等引起。1923 年 9 月 1 日日本关东大地震，横滨市有 208 处同时起火；因消防设备和水管被震坏，火灾无法扑灭，几乎全市被烧光。这种次生灾害多发生在城市。②水灾。这种灾害多发生在山区以及雨季时。1933 年 8 月 25 日四川迭溪 7.4 级地震，迭溪城被地震时山体的滑坡所毁灭；又因附近的岷江山体崩塌堵塞而蓄水，1 个多月后大量蓄水把堵塞坝冲垮，使下游酿成大水灾。③瘟疫、污染等次生灾害。2011 年 3 月 11 日，日本当地时间 14 时 46 分，日本东北部海域发生里氏 9.0 级地震并引发海啸，造成重大人员伤亡和财产损失。地震震中位于宫城县以东太平洋海域，震源深度海下 10km。东京有强烈震感。地震引发的海啸影响到太平洋沿岸的大部分地区。地震造成日本福岛第一核电站 1～4 号机组发生严重核泄漏事故，造成放射性污染。

　　地震灾害的大小主要受以下因素的影响：

　　(1) 地震震级和震源深度

　　震级越大，释放的能量也越大，可能造成的灾害当然也越大。在震级相同的情况下，震源深度越浅，震中烈度越高，破坏也就越重。一些震源深度特别浅的地震，即使震级不太大，也可能造成"出乎意料"的破坏。

　　(2) 场地条件

　　场地条件主要包括土质、地形、地下水位和是否有断裂带通过等。一般来说，土质松

第1章

地震基本知识

1.1 什么是地震

地震是地球表层的快速振动，是一种严重的自然灾害，又称地动、地振动，是地壳在快速释放能量过程中造成的振动。当地球内部介质局部发生急剧的破裂时，会产生地震波，从而在一定范围内引起地面剧烈振动。

地震像海啸、龙卷风、冰冻灾害一样，是地球上经常发生的一种自然灾害。大地振动是地震最直观、最普遍的表现。在海底或滨海地区发生的强烈地震，能引起巨大的波浪，称为海啸。

地震是极其频繁的，全球每年发生大大小小地震约550万次。绝大多数地震因震级小，人们感觉不到。其中有感地震约5万多次，造成破坏的地震近千次，7级以上造成巨大破坏的地震1900年以来平均约19次/年，如2002年13次，2003年15次，但这些比较大的地震大多发生在人烟稀少的地区。能造成唐山、汶川这样特别严重灾害的地震，每年大约有一两次。

人们感觉不到的地震，须用地震仪才能记录下来；不同类型的地震仪能记录不同强度、不同远近的地震。目前世界上运转着数量众多的各种地震仪器，日夜不停监测着地震的动向。

地震是一种严重的自然灾害，是自然灾害之首恶。1976年唐山7.8级地震造成唐山市毁灭和约24万人伤亡，2004年印尼8.7级地震伤亡约20万人，2005年巴基斯坦7.8级地震伤亡约8万人，2008年汶川8.0级地震伤亡超10万人。

我国是地震高发国家，地震多、分布广、强度大、震源浅、灾害重是我国的基本国情之一。20世纪以来，平均三年发生两次7级以上地震。在占全球陆地总面积7%的国土上，发生了占全球35%的7级以上大陆地震。

地球自转产生的惯性离心力使得球形的地球由两极向赤道逐渐膨胀，成为目前略扁的旋转椭球体（图1.1），地球赤道半径是6378.14km，两极半径是6357km，两者相差约21km。地球平均半径为6371.11km。

地球的最外层叫地壳，地壳下面的部分叫地幔，地球最中心的部分叫地核。形象地讲，地球的内部像一个煮熟了的鸡蛋：地壳好比是外面一层薄薄的蛋壳，地幔好比是蛋白，地核好比是最里边的蛋黄。

地壳层由地表土层和各种不均匀的岩石构成，常规来说：大陆地区、山区地壳厚度比较大，海洋地区、平原地区地壳厚度比较薄；最厚的地壳厚度可达60余千米，最薄的地壳厚度仅5km左右。地壳平均厚度约为35km，是地球内部最薄的一层构造，也是地震发软、覆盖土层厚、地下水位高、地形起伏大、有断裂带通过，都可能使地震灾害加重。所以，进行工程建设时应尽量避开那些不利地段，选择有利地段。

（3）人口密度和经济发展程度

地震如果发生在没有人烟的高山、沙漠或者海底，即使震级再大，也不会造成伤亡或损失。1997年11月8日，发生在西藏北部的7.5级地震就是这样的；相反，如果地震发生在人口稠密、经济发达、社会财富集中的地区，特别是在大城市，就可能造成巨大的灾害。

（4）建筑物的质量

地震时房屋等建筑物的倒塌和严重破坏，是造成人员伤亡和财产损失最重要的直接原因之一。房屋等建筑物的质量好坏、抗震性能如何，直接影响到受灾的程度，因此，必须做好建筑物的抗震设防工作。

（5）地震发生的时间

一般来说，破坏性地震如果发生在夜间，所造成的人员伤亡可能比白天更大，平均可达3～5倍。唐山地震伤亡惨重的原因之一正是由于地震发生在深夜3点42分，绝大多数人还在室内熟睡。如果这次地震发生在白天，伤亡人数肯定要少得多。有不少人以为，大地震往往发生在夜间，其实这是一种错觉。统计资料表明，破坏性地震发生在白天和晚上的可能性是差不多的，两者并没有显著的差别。

（6）对地震的防御状况

破坏性地震发生前，人们对地震有没有防御，防御工作是否做得好将会大大影响到经济损失的大小和人员伤亡的多少。防御工作做得好，就可以有效地减轻地震的灾害损失。

《中华人民共和国防震减灾法》第十七条规定：新建、扩建、改建建设工程，必须达到抗震设防要求。第十九条要求：建设工程必须按照抗震设防要求和抗震设计规范进行抗震设计，并按照抗震设计进行施工。

提高建筑物在地震作用下的安全性是每一个结构工程师的重大责任。

第2章

隔震设计简明原理

2.1 简明原理

　　隔震结构最理想的状态是能将地震完全隔离，如果结构能飘浮在空中，与地面脱开，则再剧烈的地震对建筑也难以造成影响；实际上，人类目前的技术不可能完全做到。

　　讨论到隔震结构，其概念和做法由来已久，早在我国古代人们就已经懂得用蒸熟的糯米和石灰混合，利用其具有柔性和衰减性能的功能来吸收地震能量，从而对建筑物起到了一定的隔震效果。《宋会要》记载，公元 1170 年南宋乾道六年修筑和州城，"其城壁表里各用砖灰五层包砌，糯米粥调灰铺砌城面兼楼橹，委皆雄壮，经久坚固"。位于西安的小雁塔始建于唐代，已建成一千余年，历经两次大地震而未倒塌。研究表明，小雁塔的基础与地基连接处采用的是圆弧形球面，塔身和基础坐落于圆弧球面上，形成了一个类似"不倒翁"的结构。北京紫禁城是木结构建筑群，主要建筑都建在大理石高坛上，下面有一层柔软的糯米层，可在地震发生时减轻结构的地震反应。

　　从反应谱理论我们可以知道：延长结构的自振周期可以有效地减小结构的地震加速度反应，从而减小结构在地震作用下所遭受到的地震荷载。增加结构的阻尼后，反应谱曲线将显著降低。进一步减小了结构所遭受的地震力，同时阻尼加大也增加了结构的能量耗散（图 2.1）。

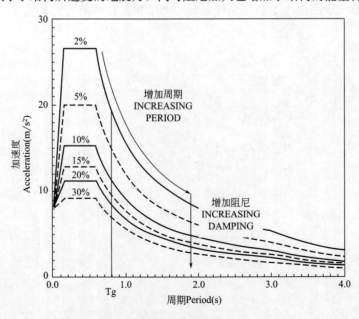

图 2.1　反应谱曲线

从结构动力学的角度来认识隔震。单质点强迫振动的运动方程可表示为：

$$m\ddot{x}_s + c\dot{x}_s + kx_s = c\dot{x}_g + kx_g \tag{1}$$

令 $\omega = \sqrt{\dfrac{k}{m}}$，$\zeta = \dfrac{c}{2m\omega_n}$，于是（1）式可化为（2）式

$$\ddot{x}_s + 2\zeta\omega_n\dot{x}_s + \omega_n^2 x_s = 2\zeta\omega_n\dot{x}_g + \omega_n^2 x_g \tag{2}$$

进一步整理，可得到质点运动加速度与地面运动加速度的幅值比 R_a

$$R_a = \left|\frac{x_s}{x_g}\right| = \sqrt{\frac{1 + [2\zeta(\omega/\omega_n)]^2}{[1 - (\omega/\omega_n)^2]^2 + [2\zeta(\omega/\omega_n)]^2}}$$

R_a 曲线如图 2.2 所示。由该图可以看出两点：

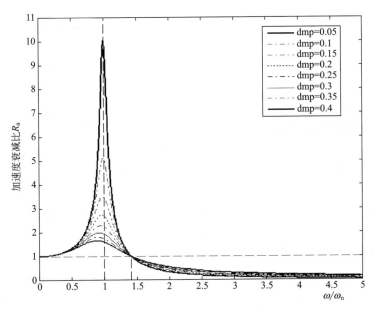

图 2.2　加速度幅值衰减比

（1）随着阻尼比增加，质点加速度反应减小，在共振频率范围附近，阻尼增加，反应减小更明显。

（2）当地震动的频率与结构的自振频率之比 $\omega/\omega_n > \sqrt{2}$ 时，质点的加速度小于地震动加速度。

实际上 R_a 是一个传递函数，它告诉我们哪些频率的地震动会被放大，哪些频率的地震动会被衰减，也即告诉我们建筑结构是一个滤波器。

从图 2.2 可以发现，为了减小建筑结构的地震反应可以采用两种途径：延长结构自振周期和增大结构阻尼。

传统"抗震"理念设计的建筑物其基础固结于地面，地震时随着地面震动，建筑物基础随之震动，建筑物受到的地震作用由底向上逐渐放大，从而引起结构构件的破坏，建筑物内的人员也会感到强烈的震动。传统"抗震"建筑立足于"抗"，即依靠建筑物本身的结构构件的强度和塑性变形能力，抵抗地震作用和吸收地震能量。为了保证建筑物的安全，必然采取加大截面、加大设计强度、加大配筋的方法，这些做法一方面造成耗用材料

增多；而另一方面，由于地震作用是一种惯性作用，建筑物的构件断面大、所用材料多、质量大、刚度大，其受到的地震作用也随之相应增大，因此这种传统"抗震"做法不经济，在有些情况下可能出现多用材料增加造价反而造成建筑物的抗震安全性降低。

随着技术的进步和经济的提高，人们对建筑物的抗震性能也提出了更高要求。尤其在一些高烈度区，对特别重要的建筑物（如学校、幼儿园、医院等），政府已经发文强制要求采用隔震减震技术进行结构设计。如《云南省隔震减震建筑工程促进规定》第三条明确要求如下：

下列新建建筑工程应当采用隔震减震技术：

（1）抗震设防烈度 7 度以上区域内三层以上且单体建筑面积 1000m² 以上的学校、幼儿园校舍和医院医疗用房建筑工程；

（2）前项规定以外，抗震设防烈度 8 度以上区域内单体建筑面积 1000m² 以上的重点设防类、特殊设防类建筑工程；

（3）地震灾区恢复重建三层以上且单体建筑面积 1000m² 以上的公共建筑工程。

鼓励前款规定范围以外的其他建筑工程采用隔震减震技术。

随着人们对隔震建筑抗震性能认识的逐渐提高和政府的强力推动，可以预见今后采用隔震技术进行结构设计的建筑物会越来越多。

目前，结构隔震技术是通过在建筑物上部结构与基础之间或者在上部结构与下部结构之间设置柔性隔震层，通过隔震层的变形和耗能，减弱地震动输入给上部结构的能量从而减小上部结构振动而采取的一种结构抗震技术措施。

增加柔性隔震层大大延长了结构的自振周期，避开了地震的卓越周期，使结构变形和地震能量主要集中消耗在隔震层，从而减小了上部结构受到的地震作用力。

一般常用隔震系统的模型如图 2.3 所示，通过在基础和上部结构之间设置橡胶隔震支座和阻尼器，形成高度很低的柔性底层，称为隔震层。通过隔震层将基础和上部结构断开，延长上部结构的基本周期，从而避开地震的主频带范围，同时利用隔震层的高阻尼特性消耗输入地震动的能量，使传递到隔震结构上部的地震作用进一步减小。

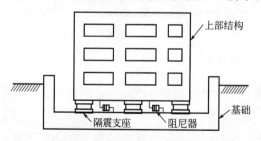

图 2.3　隔震结构简明模型

"隔震建筑"体现了"以柔克刚"的结构设计理念，也充分体现了我国古代道家思想"柔弱胜刚强"。"隔震建筑"利用专门的隔震层，大大延长了结构的自振周期，同时隔震层中增加适当的阻尼使结构的加速度反应大大减弱。隔震层在地震作用下发生较大变形，阻隔地震能量向上部结构传递并耗散地震能量，使得上部结构的相对变形变得非常小，甚至像刚体那样轻微平动，从而大大降低了上部结构所受的地震作用，使建筑物有更高的可靠性和安全性。这就是建筑结构隔震的基本原理。

隔震结构与传统结构的主要区别是在上部结构和下部结构之间增加了隔震层，在隔震层中设置了隔震系统。隔震系统主要由隔震装置、阻尼装置、地基微振动与风反应控制装置等部分组成。它们可以是各自独立的构件，也可以是同时具有几种功能的一个构件。隔震装置的作用一方面是支撑建筑物的全部重量，另一方面由于它具有弹性，能延长建筑物的自振周期，使结构的基频处于高能量地震频率范围之外，从而能够有效地降低建筑物的地震反应。隔震支座在支撑建筑物时不仅不能丧失它的承载能力，而且还要能够忍受基础与上部结构之间的较大变形。此外，隔震支座还应具有良好的恢复能力，使它在地震过后有能力恢复到原先的位置。阻尼装置的作用是吸收地震能量，抑制地震波中长周期成分可能给仅有隔震支座的建筑物带来的大变形，并且在地震结束后帮助隔震支座恢复到原先的位置。设置地基微振动与风反应控制装置的目的，是为了增加隔震系统的早期刚度，使建筑物在风荷载与轻微地震动作用下能够保持稳定。

隔震层通常由最常用的叠层橡胶支座和耗能元件（如铅阻尼器、油阻尼器、钢棒阻尼器、黏弹性阻尼器和滑板支座）组成，其高度一般在 2100mm 以下（图 2.4）。

图 2.4　隔震层实例

采用隔震技术以后，上部结构的地震作用一般可减小 40%～80%，地震时建筑物上部结构的反应以第一振型为主，类似于刚体平动，通过隔震层的较大变形，降低上部结构的自振周期，降低上部结构所受的地震作用。由于地震时上部结构的地震反应变得很小，结构构件和内部设备不会发生明显破坏，在房屋内部工作和生活的人员不会感受到强烈的摇晃，强震发生后房屋无需修理或仅需一般修理，从而保证建筑物的安全甚至避免非结构构件，如设备、装修破坏等次生灾害的发生。

2.2　建筑隔震的分类

根据采用的隔震技术类型和隔震层的位置对常用的建筑隔震类型进行分类。

2.2.1　按隔震技术类型划分

1. 叠层橡胶支座隔震技术

叠层橡胶支座由夹层薄钢板（内部钢板）和薄层橡胶片交替叠置而成。叠层橡胶支座受压时，橡胶会向外侧变形，但由于受到内部钢板的约束，以及考虑到橡胶材料的非压缩性（泊松比约为0.5），橡胶层中心会形成三向受压状态，其压缩时的竖向变形量很小。每层橡胶片越薄，钢板的相对约束能力越大，因此压缩变形也越小。而在叠层橡胶支座剪切变形时，钢板不会约束剪切变形，橡胶片可以发挥自身柔软的水平特性，从而通过自身较大的水平变形隔断地震作用。

叠层橡胶隔震支座是目前技术成熟、应用较多的一种隔震类型。隔震橡胶支座是由橡胶和钢板多层叠合经高温硫化粘结而成。隔震橡胶支座通常可分为天然隔震橡胶支座（LNR）、铅芯隔震橡胶支座（LRB）和高阻尼隔震橡胶支座（HDR）三类。

隔震橡胶支座由连接件和主体两部分组成。隔震橡胶支座主体是由多层钢板和橡胶交替粘结组成的叠合体。连接件包括法兰板和预埋件，其作用主要是把隔震支座主体和建筑的上部结构、下部结构连接起来。

（1）第一形状系数 S_1

第一形状系数 S_1 是隔震支座中单层橡胶有效受压面积与其自由侧面积的比值。它是确定隔震橡胶支座竖向刚度的参数。在材料和结构一定的条件下，S_1 越大，隔震橡胶支座的竖向刚度越大。第一形状系数计算公式见式（3）。

$$S_1 = d_0/4t_r \tag{3}$$

式中　d_0——隔震支座有效直径；

t_r——隔震支座单层橡胶厚度，通常在 $2 \sim 12\mathrm{mm}$ 之间。

（2）第二形状系数 S_2

第二形状系数 S_2 是内部橡胶支座的直径与橡胶层总厚度的比值。它是确定隔震橡胶支座水平刚度以及极限承载力的重要参数。

$$S_2 = d_0/T_r \tag{4}$$

式中　T_r——隔震支座橡胶层总厚度，其等于橡胶层数与单层橡胶厚度的乘积。

（3）剪应变

剪应变 γ 是隔震支座水平剪切变形与隔震支座橡胶层总厚度的比值。

$$\gamma = X/T_r \tag{5}$$

式中　X——隔震支座水平剪切变形。

（4）压应力

压应力计算公式如下：

$$\sigma = P/A \tag{6}$$

式中　P——隔震支座承受压力；

A——隔震支座有效受压面积。

对于隔震支座的检验，《橡胶支座　第3部分：建筑隔震橡胶支座》GB 20688.3—2006的第9章有明确规定。但是，不同省份也有相关的规定。检验标准和数量，不应低于国家标准。上述国标9.3.2条规定如下（图2.5）：

对于一般建筑，产品抽样数量不小于产品总数的 20%；

对于重要建筑，产品抽样数量不小于产品总数的 50%；

对于特别重要建筑，产品抽样数量为 100%。

2. 摩擦滑移隔震技术

摩擦滑移隔震技术是开发应用最早的隔震措施之一，其基本原理是把建筑物上部结构

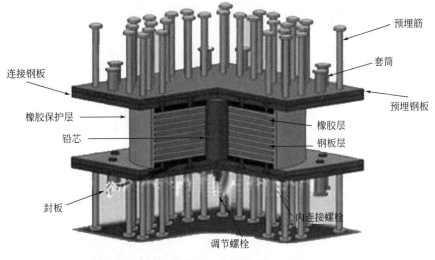

图 2.5　叠层隔震橡胶支座示意图及样品

做成一个整体，在上部结构和建筑物基础之间设置一个滑移面，允许建筑物在发生地震时相对于基础（地面）作整体水平滑动。由于摩擦滑移作用削弱了地震作用向上部结构的传递。同时，建筑物在滑动过程中通过摩擦耗散了地震能量，从而达到隔离地震的效果。该技术具有简单易行、造价低廉、几乎不会出现共振现象等优点。

摩擦滑移隔震结构的隔震层通常由摩擦滑动机构和阻尼向心机构组成，其中摩擦滑移机构起隔离地震的作用，阻尼向心机构起限位复位作用（图 2.6）。

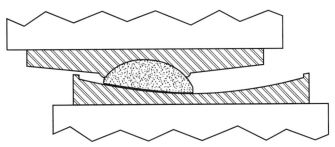

图 2.6　摩擦滑移隔震支座示意图

3. 滚动隔震技术

滚动隔震是在基础与上层结构之间铺设一层用高强合金制成的滑动性能好的滚球或滚轴，从而隔离地震的水平作用。目前滚动隔震装置包括：双向滚轴加复位消能装置、滚球加复位消能装置、滚球带凹形复位板、蝶形和圆锥形支座等几种形式（图2.7）。研究表明，设计合理的滚动支座具有良好的稳定性、限位复位功能和显著的隔震效果。

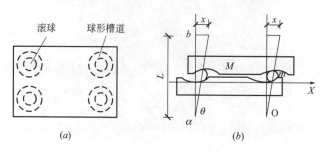

图 2.7 带凹形复位板的隔震装置

（a）平面图；（b）剖面图

4. 蝶形弹簧竖向隔震技术

蝶形弹簧在荷载作用方向上尺寸较小，且能在很小变形时承受很大荷载，轴向空间紧凑，单位体积材料的变性能力较大，具有较好的缓冲吸震能力，特别是在采用叠合弹簧组时，由于表面摩擦阻尼作用，吸收冲击和消散能量的作用更加显著。采用蝶形弹簧作为竖向减震元件，利用蝶形弹簧的变刚度特性和耗能能力，根据上部结构和场地特性选取不同的组合方式形成合适的竖向刚度，同时在装置内部设置黏弹性阻尼器，以期达到较好的竖向减震效果，可以设计出具有竖向隔震能力的蝶形弹簧竖向隔震装置。

研究表明，利用蝶形弹簧竖向隔震装置进行竖向减震以后，结构的各层最大轴力比未经隔震以前的建筑可以降低40%左右，具有较好的竖向隔震效果。

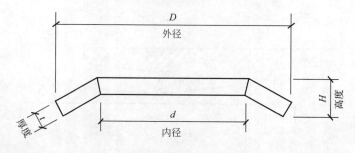

图 2.8 蝶形弹簧

5. 复合隔震技术

应用各种不同隔震技术所具有的各自不同的特点,在同一隔震结构中把不同的隔震装置以并联或串联的方式组合起来使用,并且进行优化,则可兼收各技术的优点,这就是复合隔震技术。

另外,由于地震动本身具有多维特性,对于一些位于高烈度区和震中附近的重要建筑和基础设施,同时考虑三维地震分量的三维基础隔震是非常必要的。为此,将各种隔震技术进行有机组合,形成三维复合隔震装置,具有广阔的应用前景。目前,常用的三维复合隔震装置有1999年Kashiwazaki等提出的由液压装置和橡胶支座组合的三维隔震系统,苏经宇等人提出的叠层橡胶-碟簧三维隔震支座,薛素铎等人提出的摩擦-弹簧三维复合隔震支座等。

2.2.2 按隔震层位置划分

根据隔震层位置的不同,可以将建筑隔震类型划分为基础隔震技术、层间隔震技术、屋架或网架支座隔震技术和房屋内部局部隔震技术等类型。

1. 基础隔震

基础隔震是将隔震层设置于建筑的上部结构和基础之间(图2.9)。基础隔震技术是最早研究并得到广泛应用的隔震类型。基础隔震技术可以最大限度地隔离地震能量,具有构造相对简单、结构受力特征明确、技术相对成熟等特点。

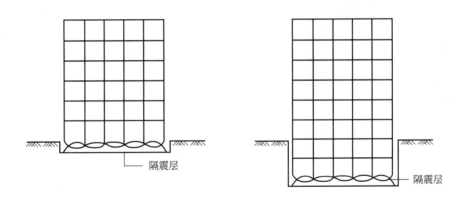

图2.9 基础隔震示意图

2. 层间隔震

当隔震层设置于结构中间层时,就是层间隔震(图2.10),这是在基础隔震结构的工程实践的基础上发展起来的一种新型隔震结构形式,是基础隔震的拓展。

层间隔震技术解决了在建筑结构竖向不规则等情况下基础隔震技术不便于应用的限制,可根据建筑结构自身特点,灵活设置隔震层的位置。

在层间隔震建筑中,建筑结构的动力特性随着隔震层位置的变化而显著不同,隔震建筑的工作机理出现新的特征。层间隔震结构设计的目的,不仅要减小上部结构的地震反应,同时要求在不增加或减小下部结构地震反应的情况下,减小整体结构的地震反应。

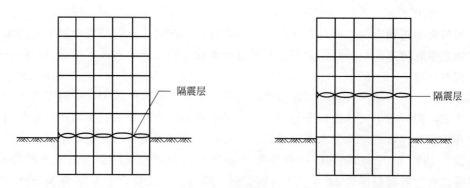

图 2.10　层间隔震示意图

3. 屋架或网架支座隔震

大跨空间屋架或网架结构的特点是：下部支撑柱由于使用要求往往具有较大的柱间距，并且不能设置过多柱间支撑，上部屋架或网架结构质量大，整体刚度大。这就使结构成为下柔上刚体系，在水平地震作用下下部支撑柱底会产生较大的弯矩。

大跨度屋盖与支撑柱常采用铰接形式，如果将完全的铰接做法改造成隔震支座的做法则能进一步改善整体结构的抗震性能，由于隔震支座水平刚度比较低，对温度变化造成的温度应力也能通过支座的适当变形进行释放。

4. 房屋内部局部隔震

房屋内部局部隔震是建筑内部对震动敏感的重要机房、设备等设置局部隔震部件降低振动的方法，如设有隔震地板的机房等。这种隔震方法依赖于其所在的建筑物的安全性能。

2.3　隔震结构特点

（1）大大减轻结构的地震反应，大大提高结构在地震作用下的安全性。从振动台地震模拟试验结果及美国、日本建造的隔整结构在地震中的强震记录得知，隔震体系的结构加速度反应只相当于传统结构（基础固定）加速度反应的 1/10～1/3。这种减震效果是一般传统抗震结构所望尘莫及的，从而能非常有效地保护结构物或内部设备在强地震冲击下免遭任何毁坏。

（2）采取隔震技术后，上部结构设计自由度大大提高。在地面剧烈震动时，由于隔震作用，上部结构很多情况下仍能处于正常的工作状态。这既适用于一般民用建筑结构，确保居民在强地震中的安全，也适用于某些重要结构物和重要设备，当地震来临时，隔震建筑能防止内部物品的振动移动和翻倒，防止非结构构件的破坏，能抑制振动给人带来的不适感。由于降低了上部结构的地震反应，也使得上部结构建筑设计的自由度得到加强，尤其在高烈度区，如果不采用隔震结构，一些复杂的建筑造型很难实现，采用隔震技术后，由于地震作用减小，复杂建筑造型实现的难度大大降低。

（3）精心设计后，隔震技术能减低房屋造价。虽然隔震层增加了结构造价，但由于上部结构地震作用降低，上部结构可以通过优化来降低造价，精心设计的隔震建筑一般能与传统做法造价齐平甚至会低于传统做法,但建筑物在地震下的安全度得到大大提高。

（4）隔震构造和隔震层施工均增加了一定的施工难度,但随着隔震技术的普及和发展,其施工难度将逐渐降低,隔震层震后修复也非常方便。地震后,只需对隔震装置进行必要的检查和更换。由于上部结构受地震影响小,一般无需对结构本身进行修复,地震后可很快恢复正产生活或生产,这带来极明显的社会效益和经济效益。

2.4 隔震构造

隔震建筑能发挥较好的隔震效果依赖于有效的隔震构造。如隔震建筑周边的隔震缝宽度不够,或隔震缝中有障碍物,或隔震建筑四周有障碍物,地震来临时,上部建筑的运动将受到阻碍,隔震效果将大打折扣。芦山县人民医院隔震主楼就是因为隔震沟内有填充物,在地震来临时,隔震效果总体不错但还是受到了一定的影响,因此必须对隔震构造充分重视。

隔震缝按照《建筑抗震设计规范》GB 50011—2010 第 12.2.7 条规定:隔震结构应该采取不阻碍隔震层在罕遇地震下发生大变形的构造措施。上部结构的周边应设置竖向隔离缝,缝宽不宜小于隔震橡胶支座在罕遇地震下的最大水平位移的 1.2 倍且不宜小于 200mm。对于两相邻隔震结构,其缝宽取最大水平位移值之和,且不小于 400mm。

对于相邻的高层隔震建筑,考虑到地震时上部结构顶部位移会大于隔震层处位移,因此隔震缝要留出罕遇地震时隔震缝的宽度加上防震缝的宽度方才合适。防震缝的宽度《建筑抗震设计规范》GB 50011—2010 第 6.1.4 条有明确规定。

上部结构和下部结构之间,应设置完全贯通的水平隔离缝,缝高可取 20mm,并用柔性材料填充;当设置水平隔离缝确有困难时,应设置可靠的水平滑移垫层（图 2.11）。

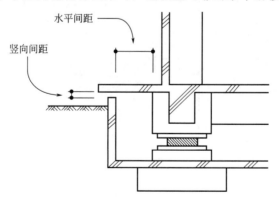

图 2.11 隔震缝的处理大样

穿越隔震层的门廊、楼梯、电梯、车道等部位,应防止可能的碰撞。

一般对于单栋隔震建筑,其周边水平隔震缝至少留 300mm;对于两栋相邻的隔震建筑,两栋隔震建筑之间的隔震缝至少留 600mm。隔震层处的管线均采应用软连接。隔震缝、管线连接的做法参考图集《04J312 楼地面变形缝》以及《03SG610-1 建筑结构隔震构造详图》（图 2.12～图 2.17）。

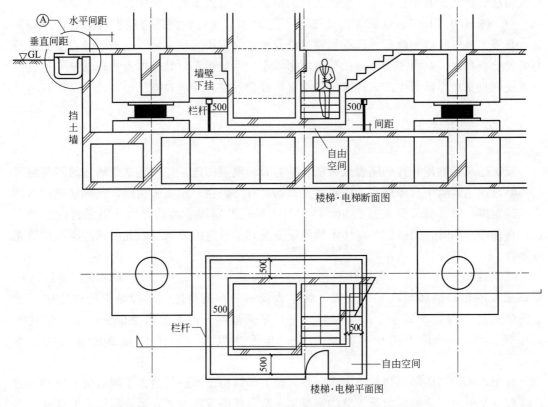

图 2.12　楼电梯处理大样

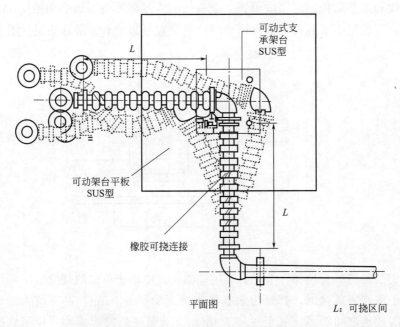

图 2.13　软管连接大样

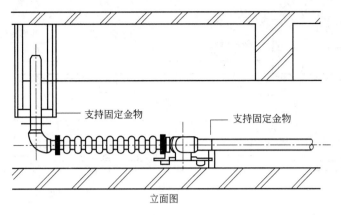

立面图

图 2.13　软管连接大样（续）

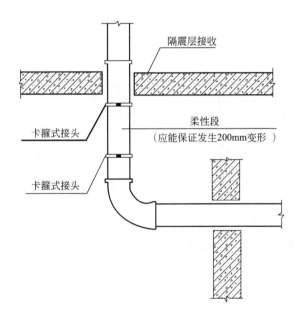

隔震层接收

卡箍式接头

柔性段
（应能保证发生200mm变形）

卡箍式接头

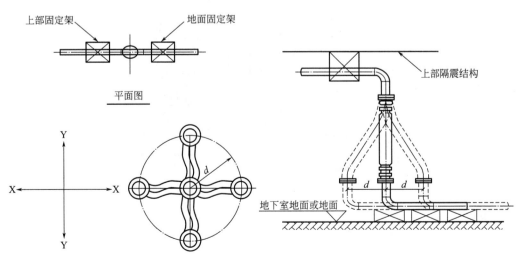

上部固定架

地面固定架

平面图

上部隔震结构

地下室地面或地面

图 2.14　竖向管线接头连接示意图

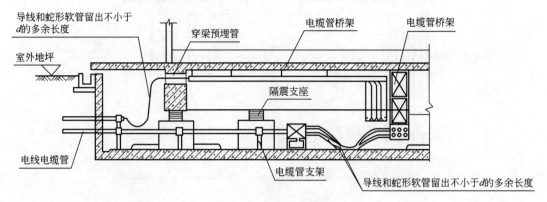

图 2.15　电缆、电线连接示意图

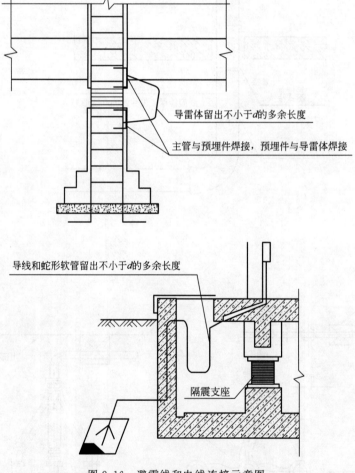

图 2.16　避雷线和电线连接示意图

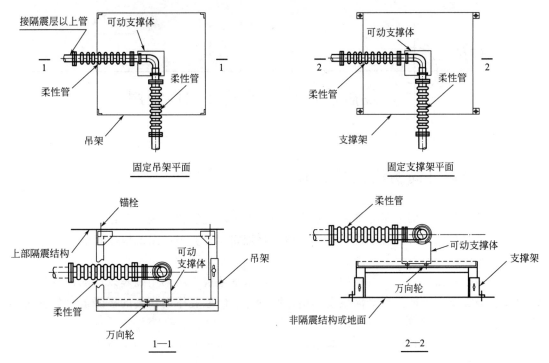

图 2.17　水平管柔性示意图

第3章

隔震设计简明流程及软件使用

3.1 隔震设计简明流程及要求

隔震结构设计一般采用分部设计方法。即将整个隔震结构分为上部结构、隔震层、下部结构以及基础四部分，分别进行设计，然后整理完善计算书和图纸报外审单位审查。

概括来说：

上部结构：沿用一般抗震结构的设计方法，水平地震作用采用隔震以后的地震作用标准值。但隔震支座不能隔离竖向地震作用，所以与竖向地震作用相关的不降低（如轴压比等）。

隔震层：需满足长期荷载下压应力要求，还得满足短期荷载下的压应力、拉应力以及隔震支座位移的要求。

隔震层以下结构：需满足地震作用计算、抗震验算和抗震措施的要求，应进行设防地震（中震）的抗震承载力验算，并按罕遇地震（大震）进行抗剪承载力验算。需隔震层以下地面以上的结构在罕遇地震（大震）下的层间位移角需满足要求。

基础：地基基础的抗震验算可不考虑隔震产生的减震效应，按本地区设防烈度进行设计。即用非隔震模型进行小震反应谱计算，然后传到基础模块进行基础设计。

3.1.1 隔震模型建立及计算分析

1. 上部结构模型建立

（1）上部结构模型包含隔震层里的上支墩层，上支墩层为上支墩及与之相连的梁、柱、墙构成的质点层；

（2）该层层高为上支墩高度，上支墩按柱输入，形成短柱层，上支墩高度一般不大于1200；

（3）上部结构铰接于上支墩底面处，此模型为非隔震结构分析模型；

（4）在该模型上支墩底处设置隔震单元，即成为隔震结构分析模型。

2. 时程分析软件验证

（1）对所采用的时程分析软件应进行准确性验证；

（2）验证方法：对上部结构非隔震模型采用时程分析软件和弹性计算软件分别进行计算，得出质量、周期、楼层地震剪力，将两者列表进行对比，以确定时程分析软件的准确性，误差较小时方可采用。

3. 地震波选取

（1）基本要求：7条波取平均，3条波取包络；天然波不少于总数的2/3；弹性时程分析每条波计算所得结构底部剪力不应小于振型分解反应谱法计算结果的65%，不应大于振型分解反应谱法计算结果的130%；多条波时其平均值不应小于80%，不应大于振型分解反应谱法计算结果的120%；有效持时为结构基本周期的5～10倍。

（2）地震波在主要周期点上的相似性要求：应同时满足隔震与非隔震在主要周期点上的相似性要求；确有困难时，对非隔震结构主要周期点上的相似性要求可适当放宽。

（3）上述要求均应提供表、图以证实。

4. 隔震层布置

（1）隔震层布置原则如下：

a. 隔震支座布置时要同时满足竖向荷载和水平效应要求（首先要满足竖向荷载的要求；同时要满足水平效应的要求，水平效应同时含有刚度尽量小但位移又不能太大两项相互制约的要求）；隔震支座在重力荷载代表值压力下的水平极限位移不应小于其有效直径的0.55倍和各橡胶层总厚度3倍两者的较小值；必要时，可考虑设置限位装置。

b. 隔震层刚度中心宜与上部结构的质量中心重合（偏心率不宜大于相应方向楼长（或宽）的3%）。

c. 框架宜采用一柱一垫（一个隔震支座）；剪力墙隔震支座宜尽量布置在整片墙（含开洞墙）的两端（边门洞时可通过较大转换梁延伸至边柱下）；当柱轴力特别大时也可采取一柱多垫的布置形式；隔震支座宜与上部和下部竖向构件均相对应。

d. 隔震支座宜布置在相同标高上，但需要时亦可布置在不同的标高上（隔震支座放置在不同标高并不影响隔震效果，但对由此形成的较大的错层区域宜采取局部加强措施，如采用加腋梁等）。

e. 同一建筑物中选用多个型号的隔震支座时，一般采用保证支座底标高相同的做法，亦可采用顶标高相同的做法。

f. 同一房屋选用多种规格的隔震支座时，应注意防止出现极限变位较小的支座限制极限变位较大支座充分发挥其水平变形能力的情况。

g. 同一支承处选用多个隔震支座时，隔震支座之间的净距应大于安装和更换所需的空间尺寸（一般不小于250mm）。

（2）提供本隔震结构所采用的隔震支座、阻尼器、独立抗风装置、抗拉装置的性能参数表。

（3）提供隔震支座、阻尼器、独立抗风装置、抗拉装置的平面布置及编号图。

5. 偏心率验证

（1）此处偏心率是指隔震以后的上部结构的总体质心对隔震层刚度中心的偏心率，不可简单地采信计算机提供的某一层的质心数据；

（2）宜提供隔震结构前三个振型的振动形态图，以便判断隔震结构的扭转程度。

6. 静力荷载代表值下隔震支座压应力验算

（1）应提供压应力验算的荷载组合公式（注意应根据规定确定是否需要考虑倾覆压力和竖向地震作用）；

（2）明确本工程的压应力限制；

（3）列表显示本工程所选的各个编号支座（不能按直径归并）的计算压应力。

7. 隔震结构与非隔震结构主要周期对比

(1) 对结构隔震前后的主要周期进行对比，有助于了解结构的减震效果和振动特性；

(2) 主要周期一般可取前三个周期。

8. 减震系数 β 及隔震后水平地震影响系数最大值 α_{max1} 的确定

(1) 减震系数 β 确定原则：①多层为隔震后与隔震前的剪力比；高层时尚应考虑倾覆力矩比，与剪力比相比较后取较大值；上述比较应包括隔震层以上（可不包括短柱层，必要时予以加强）的各个结构层（含顶层，局部出屋面面积不大于其下顶层面积的30%的可不参与比较，但必要时应予以加强）；② β 值确定应在中震下进行。

(2) 应提供隔震结构与非隔震结构在各条地震波（中震下）下各楼层的剪力、倾覆力矩（仅高层时提供）比值数据，且宜采用表格方式提供。

(3) 隔震后水平地震影响系数最大值 α_{max1} 确定时，应注意：①应正确选定支座剪切性能偏差类别，甲、乙类建筑应选用S-A类，当选用S-A类时，应在施工图中明确标注，以免误按S-B类检验；②确定 Ψ 值时尚应注意是否设置了独立的阻尼器装置（铅芯支座不在其内），如设置独立阻尼器，应注意 Ψ 值减小0.05。

9. 罕遇地震作用下隔震层位移验算、隔震缝控制说明及隔震层防火、节能措施

(1) 罕遇地震作用下隔震支座最大位移为重要的控制性和依据性数据，应提供正确的计算公式和准确的计算结果。

(2) 位移验算公式为：$u_i = \eta_i u_c \leq [u_i]$。式中的 $[u_i]$ 为该支座有效直径的0.55倍和支座内部橡胶总厚度的3.0倍二者中的较小值（当隔震层采用不同直径的橡胶支座时，应注意防止出现较小直径支座限制较大直径支座发挥变形能力的情况，必要时可按最小直径支座控制）；而 η_i 值则应根据不同的计算方法区别确定：①按简化方法（不进行时程分析）时，上式中的 u_c 参照《建筑抗震设计规范》附录L中（L.1.3）公式计算，而 η_i 则可参照该附录L.1.4条中的有关公式计算，同时当计算式小于1.15（仅考虑单向扭转影响）或1.2（同时考虑双向扭转影响）时，边支座应按不小于1.15（单向扭转）或1.2（双向扭转）取值；②当采用时程分析法计算时，一般可直接提供最大值验算；但对边支座，当提取的最大位移值不大于平均位移值的1.15倍时，应按不小于1.15取值。

(3) 简化计算时，应提供相应计算书；时程分析时应提供各支座在罕遇地震下在X向和Y向的最大位移值（3条波时为包络值，7条波时为平均值）、隔震层平均位移值及边支座修正后的最大位移值，并验证是否满足验算要求。

(4) 隔震缝的正确设计是隔震结构的重要环节，在专项审查报告中应有明确说明：①应说明竖向隔震缝的设置位置（必要时应附平面位置示意图）及缝宽是否满足规定要求[不小于罕遇地震下最大支座位移的1.2倍，且不小于200mm或400mm（伸缩缝处）]，应特别关注并说明楼、电梯、底部悬挑等部位是否存在阻碍位移的情况；②应说明水平隔离缝的控制缝高（20~50mm）和填塞要求，应特别检查和说明水平缝是否完全贯通；③当隔震层存在着防火和节能要求时，应说明相应处置措施。

10. 罕遇地震下隔震支座拉应力验算及受拉措施说明

(1) 规范限定橡胶隔震支座在罕遇地震下最大拉应力不大于1MPa，罕遇地震下最大拉应力应包括竖向地震作用组合效应。

(2) 支座拉应力不满足要求时，宜首先考虑采用设计措施予以消除，亦可考虑设置抗

拉装置予以解决。

（3）高层隔震结构当高宽较大或为层间隔震时，即便可满足拉应力限值要求，亦宜设置抗拉装置以提高可靠性。

（4）设置抗拉装置时，应对其型号和控制参数予以明确，并提出相应的设计和施工要求。必要时需绘制详图，以满足施工和安装要求。

11. 罕遇地震下隔震支座压应力验算

（1）橡胶隔震支座在罕遇地震作用下最大压应力不宜大于 30MPa，对此应予以验证。

（2）应提供各支座在罕遇地震下 X 向和 Y 向的最大轴压力数据（3 条波时为包络值，7 条波时为平均值），并验证是否满足。

12. 隔震支座抗风验算

（1）风载和微小地震作用下要求隔震层保持弹性，为此可通过设置铅芯橡胶支座、采用具有较大初始刚度的位移型阻尼器、另设抗风装置等措施予以满足；上述装置宜沿建筑物周边均匀布置；抗风验算时风荷载取重现期为 100 年的数值。

（2）无论采用何种抗风措施，均应提供详细的计算资料，以证实隔震层满足抗风要求；另设置抗风装置时，尚应提供该装置的构造示意图及材料性能、计算原理等相关资料。

13. 结构自动复位能力验算

（1）隔震层支座的弹性恢复力应满足：$K_{100}T_r \geqslant 1.4V_{RW}$，式中 V_{RW} 为抗风装置的水平承载力设计值，K_{100} 为隔震支座水平剪应变为 100％时的有效刚度，T_r 为橡胶层总厚度。

（2）应提供计算验证过程。

3.1.2 上部结构设计要求及控制性数据

（1）我国规范规定上部结构采用减震系数法进行设计。该方法的要点是：①正确确定隔震结构的减震系数 β（控制性数据）和水平地震影响系数最大值 α_{max1}（控制性数据）。在 α_{max1} 确定后，上部结构即可按与非隔震结构相同的方法进行水平地震作用（小震下）计算，只需将非隔震结构计算时输入的 α_{max} 改按 α_{max1} 输入即可；在需进行大震下变形验算时，其水平地震影响系数可根据减震系数 β 按修正后的烈度分档确定（可按《建筑抗震设计规范》条文说明 12.2.5 条表 7 确定）；当需考虑竖向地震作用时，其竖向地震作用标准值按《建筑抗震设计规范》12.2.1 条相关规定取值；②正确确定上部结构的抗震等级和抗震措施等级（控制性数据）。可见，上述要点中的控制性数据 β、α_{max1}、抗震等级和抗震措施等级对上部结构的正确设计具有决定性意义。

（2）应明确上部结构是否需要进行抗倾覆验算；如需要进行抗倾覆验算，则应明确抗倾覆验算的控制条件（是小震下不出现拉应力控制，还是大震下抗倾覆控制）（当已进行抗倾覆验算并满足要求时应在报告中明确）。

（3）应明确上部结构是否需要考虑竖向地震作用组合。

3.1.3 下部结构及基础设计

（1）规范对隔震层以下的结构具有三个层面的要求：①对支撑隔震支座的支墩、支柱（含柱顶设置的无现浇楼板的独立系梁）应按罕遇地震进行承载力（弹性）验算；②对隔震层以下的结构（包括有整体现浇顶板的地下室、隔震塔楼下的底盘等）中直接支承隔震层以上结构的相关构件应按设防烈度进行抗震承载力设计（中震弹性），但其抗剪承载力则应按罕遇地震下验算（大震弹性）；此时，隔震支座下的支墩、支柱（含支柱顶独立系梁）仍应按罕遇地震验算；③下部结构中除上述直接支承上部结构的相关构件之外的构件，均可按小震作用下进行设计。专项设计报告应针对上述内容提供相应对的计算验证资料。

（2）应提供隔震层以下地面以上的结构层间位移角计算和验证资料（层间位移角限值按《建筑抗震设计规范》表 12.2.9 采用）。

（3）应提供基础设计概述（含土层状况、地基处理、抗液化、抗湿陷措施、基础形式、拉梁设置、基础和地下室超长措施等内容），必要时提供基础平面布置图及相关计算资料。

（4）当为抗震加固工程时，应提供对临时支撑、卸荷、安装、下部构件及基础加固等关键技术的设计考虑和要求，必要时尚应提供相应计算书和详图资料。

3.1.4　隔震层的构造措施

（1）提供隔震支座与上、下支墩（支柱）的连接详图及连接板、锚栓等相关计算资料（标准产品可由生产单位提供或保证）。

（2）提供隔震层及上部结构与周边固定物的隔离措施（包括隔震沟大样、楼电梯隔离大样、室外散水及台阶处隔离大样、上部室外悬挑构件与固定物的隔离大样、变形缝处理大样等）；隔震沟及变形缝等应提供平面示意图。注意：当结构变形缝贯穿隔震层顶板时，上部结构缝宽为相邻结构罕遇地震时隔震层最大位移之和的 1.2 倍，且不小于 400mm，实际掌握时宜取不小于 500mm；当变形缝只设在隔震层顶板以上（即隔震层顶板仍连为整体）时，变形缝宽仍应按原设防烈度（不按降度后的烈度）取值。

（3）说明隔震支座更换方案，必要时提供计算资料。

（4）说明隔震层出入方式（楼梯或爬梯）和出入口数量。

（5）分别说明燃气、暖通、防排烟、给排水等管道及电缆、导线、导雷等管线的连接方式和要求，必要时提供处理大样（详图）。

3.2　YJK 软件介绍

YJK 软件是北京盈建科软件有限责任公司开发的建筑结构设计软件。YJK 建筑结构设计软件系统是一套全新的集成化建筑结构辅助设计系统，功能包括结构建模、上部结构计算、基础设计、砌体结构设计、施工图设计和接口软件六大方面。它主要针对当前普遍应用的软件系统中亟待改进的方面和 2010 结构设计规范大量新增的要求而开发，在优化设计、节省材料、解决超限等方面提供系统的解决方案。

盈建科软件是面向国内及国际市场的建筑结构设计软件，既有中国规范版，也有国际规范版。盈建科建筑结构设计软件系统，包括盈建科建筑结构计算软件（YJK-A）、盈建科基础设计软件（YJK-F）、盈建科砌体结构设计软件（YJK-M）、盈建科结构施工图设计软件（YJK-D）、盈建科钢结构施工图设计软件（YJK-STS）、盈建科弹塑性动力时程分析软件（YJK-EP）和接口软件等。

盈建科坚持聚焦定位，开放数据，广泛联盟。盈建科软件与国内外主要建筑结构设计软件全面兼容。通过先进的 BIM 建筑信息模型技术和信息化技术为建设工程行业可持续发展提供长久支持。

3.3 YJK 软件特点

建模和计算主要特点：

（1）多模块集成的自主图形平台，Ribbon 风格的菜单界面美观、清晰，其先进手段管理纷繁复杂的多级菜单，使本系统的多个模块得以在一个集成的、精炼的平台上实现；

（2）突出三维特点的模型与荷载输入方式，既可在单层模型上操作，又可在多层组装的模型上操作；

（3）结构计算采用了通用有限元的技术架构，联合国内专业领先的团队，采用了偏心刚域、主从节点、协调与非协调单元、墙元优化、快速求解器等先进技术，使程序的解题规模、计算速度大幅度提高；

（4）强制刚性板假定与非刚性板假定两次计算自动连续进行，同时完成规范指标计算和内力配筋计算；

（5）对于多塔结构实现对合塔与分塔状况自动拆分、分别计算并结果选大；

（6）对转换梁自动采用细分的壳元计算；对按照普通梁输入的连梁也自动采用细分的壳单元计算，从而和按照墙洞口方式输入的连梁设计结果相同；

（7）对剪力墙连梁提供按照分缝连梁设计、配置斜向交叉钢筋等减少连梁内力或配筋的措施；

（8）对带边框柱或型钢、型钢混凝土柱剪力墙的配筋按照柱和剪力墙组合在一起的工形截面或 T 形截面配筋，可使边缘构件配筋量大大减少；

（9）对剪力墙轴压比自动采用组合墙肢方式计算，给出全新的剪力墙边缘构件设计结果；

（10）对少墙框架结构的框架部分自动按照二道防线模型计算。

3.4 YJK 隔震设计简介

3.4.1 YJK 的隔震设计功能

在 YJK 软件"前处理及计算模块"下，可以布置隔震支座，根据不同参数设置可模拟天然橡胶隔震支座，高阻尼夹层橡胶支座与铅芯夹层橡胶支座。

布置方式支持"单点约束"、"两点约束"、"设置支座"三种方式。在支座布置前先在"定义连接属性"菜单里对支座参数进行设定（图 3.1、图 3.2）。

软件计算提供三种方法，快速非线性时程分析方法（FNA）、振型分解反应谱法和直接积分法。

快速非线性时程分析方法（FNA）：此方法是一种非线性分析的有效方法，在这种方

图 3.1　隔震支座布置

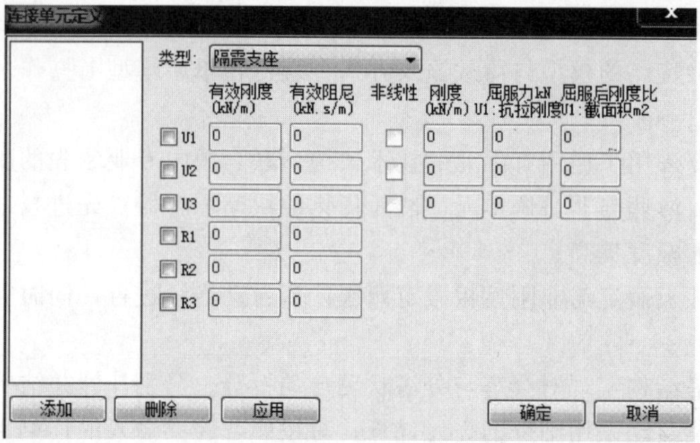

图 3.2　隔震支座参数对话框

法中，非线性被作为外部荷载处理，形成考虑非线性荷载并进行修正的模态方程。该模态方程与结构线性模态方程相似，因此可以对模态方程进行类似于线性振型分解处理。

隔震计算属于非线性分析计算，对于存在局部非线性构件的建筑结构需要进行非线性动力时程分析。虽然非线性单元的属性随时间的变化可能是非线性的，或结构某一方面随时间的变化是非线性的，但是对于每个时刻结构系统的经典力学平衡方程仍然是成立的。传统的非线性求解方法仍然是通过每一个时程积分时刻的平衡方程进行求解。求解平衡方程的非线性模态积分求解方法是在每个荷载增量步形成完整的平衡方程并进行求解，这就是通常所说的"蛮力方法"。这种方法每个时间步长对全部结构系统重新形成刚度矩阵，并在每个时间增量内要求通过迭代来满足平衡要求，因此即使是规模不大的结构也需要耗费大量的时间来计算。

考虑到每一个时刻隔震支座的耗能作用修正地震外荷载同时不修正结构刚度进行时程积分。该方法同传统需在每一时刻修正结构刚度形成完整平衡方程求解的非线性分析"蛮力"方法相比要高效快速几个量级。

FNA 方法优点：其计算速度较之非线性直接积分法要快很多，适用于计算具有有限数量的非线性构件、仅存在局部非线性行为的结构。因而在进行减震隔震计算时，若只考虑结构中隔震支座、阻尼器、屈曲约束支撑等构件的非线性行为，而结构其余构件均考虑为线性构件时，该方法较为实用。

FNA 方法缺点：由于该方法的计算依赖于结构的模态结果，所以非线性构件的线性部分的有效刚度填写得准确与否，对计算结果将会有一定的影响。对于减震结构，由于减震器的影响范围有限，使用 FNA 方法一般都可以得到较为准确的结果。但对于隔震结构而言，由于隔震支座的加入，往往会较大地改变结构底部的力学性能，对结构的模态周期影响很大，由其产生的非线性亦会影响结构的整体，从而不能严格满足"结构仅有局部非线性"这一条。此时，若想用 FNA 法得到较为准确的结果，则需要将隔震支座的有效刚度填写准确。若不能确定有效刚度，也可采用直接积分法对隔震层的层剪力进行校核。一般而言，若 FNA 法计算的隔震层剪力偏小，则说明隔震支座的有效刚度值偏小；反之偏大。

振型分解反应谱法：结构分析时考虑到隔震支座的竖向与侧向刚度及耗能效果，根据规范中提供公式计算隔震结构总阻尼比进而计算地震作用，得出隔震结构的周期、阵型、位移、内力和配筋等计算。

由于采用非隔震模型进行计算时水平地震作用近似为倒三角形，与隔震结构的实际水平地震作用分布不符，地震作用结果普遍偏大，有的专家认为，采用实际隔震结构模型进行反应谱法的抗震设计更适用于大多数复杂隔震结构，有时结果更加合理。

YJK 软件隔震结构模型含有同等隔震效果的模拟单元，同时提供了适用于隔震单元的振型分解反应谱法直接进行隔震结构的设计计算，使得上部结构的地震作用沿竖向分布更加符合实际情况。且按照该模型计算无需计算水平向减震系数即可完成上部结构计算与设计，使设计流程更加简便、快捷、高效。

振型分解反应谱法计算隔震结构的操作步骤如下：

（1）布置隔震支座后进行第一次振型分解反应谱法计算；

（2）时程分析 FNA 法计算，得出与第一步计算结果对比的各层地震放大系数，一般选择 3 条波或 7 条波，3 条波取包络，7 条波取平均；

（3）进行第二次振型分解反应谱法计算，并在地震信息中导入时程分析结果的各层地震放大系数（图 3.3），该计算结果作为最终结果。

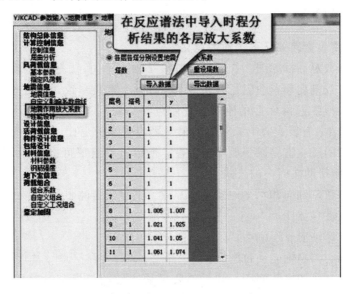

图 3.3　地震作用放大系数对话框

直接积分法：YJK 软件的直接积分法采用 Newmark 方法，该方法是传统的动力分析隐式方法，下面对其优缺点进行概括。

优点：该方法对非线性动力分析非常有效，无论是局部非线性或是整体非线性，Newmark 方法均能得到准确的结果。在 YJK 直接积分法模块中，只考虑隔震支座、阻尼器、屈曲约束支撑等特殊构件的非线性行为，计算过程中完全不依赖其线性部分的有效刚度，只采用非线性参数进行计算，所以使用此方法计算时，不必考虑填入的有效刚度是否准确。需要补充说明的是，直接积分法模块中也加入了计算模态周期的功能，有效刚度会影响直接积分法模块中的振型结果，但由于直接积分法动力分析本身与振型（模态）毫无关联，所以动力时程分析结果不会因有效刚度的改变而改变。

缺点：该方法在每个时间步进行计算时，都需要重新组装总体刚度矩阵，重新对刚度矩阵进行分解，因而计算速度较之快速非线性法要慢很多。

注：YJK 软件从 1.8.0 版本开始，直接积分法模块已经加入平衡迭代；1.7.1 版本的直接积分法模块未加入平衡迭代的功能。建议在使用 1.7.1 直接积分法时，计算两次，第二次缩减一半时间步长，若两次得到结果近似，则证明结果正确，否则需要继续缩短步长再次进行计算，直到缩减步长前后，计算结果差异可以接受为止（图 3.4）。

图 3.4 直接积分法对话框

3.4.2 隔震参数输入

3.4.2.1 隔震参数输入及各参数的意义

隔震支座的参数对话框如图 3.5 所示，其中 1 轴为轴向，2 轴和 3 轴为水平方向。线性部分的参数（有效刚度和有效阻尼）在 3 个坐标轴上意义一致，有效刚度的意义是将非线性构件等效成一根线性构件后的刚度，此刚度对结构周期、反应谱计算和快速非线性（FNA）时程分析结果有较大影响。有效阻尼只影响附加阻尼比，从而影响反应谱计算结果。由于隔震模型的反应谱结果一般不被关注，所以有效阻尼可以填 0。若想计算有效阻尼，也可参考 YJK 帮助文档中的公式。

对于非线性参数，轴向和水平向意义不一致，下面分别说明。

（1）轴向非线性参数

刚度：隔震支座轴向受压刚度。

抗拉刚度：隔震支座轴向受拉刚度。

截面积：隔震支座的横截面积，弹性时程模块会使用该参数计算隔震支座的拉压应力，若填 0，则对应的隔震支座拉压应力均为 0。

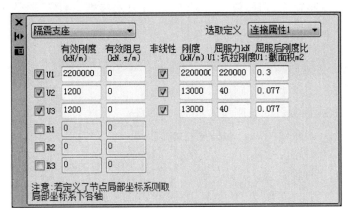

图 3.5　隔震支座参数示意

（2）水平方向非线性参数

刚度：隔震支座水平方向屈服前刚度。

屈服力：隔震支座的屈服力。

屈服后刚度比：隔震支座屈服后的刚度与屈服前刚度的比值。

3.4.2.2　隔震参数输入举例及注意事项

隔震支座生产厂家给出的隔震支座参数表如图 3.6 所示。

序号	型号	支座尺寸边长或直径	支座及铅芯高度(H)	竖向承载力	设计位移(100%)	铅芯屈服剪力	安装高度(Ha)	连接板尺寸(B)	连接板尺寸(A)	水平等效刚度	屈后刚度(K₂)	竖向压缩刚度(Kv)
		（mm）	mm	KN	mm	KN	mm	mm	mm	KN/mm	KN/mm	KN/mm
		600	175		85	99	225	640	640	2.89	1.72	3581
18	CLRB600×600	600	201		104	84	251	640	860	2.64	1.83	3627
		600	188		96	84	238	640	860	2.86	1.98	3838
		600	175	3600	85	84	225	640	860	3.22	2.23	4562
		600	201		104	99	251	640	860	2.78	1.82	3627
		600	188		96	99	238	640	860	3.01	1.97	3838
		600	175		85	99	225	640	860	3.38	2.22	4562
19	CLRB650	650	208		107	92	258	690	690	2.48	1.62	3051
		650	195		100	92	245	690	690	2.65	1.73	3099
		650	182	3317	90	92	232	690	690	2.94	1.93	3593
		650	208		107	116	258	690	690	2.69	1.61	3051

图 3.6　隔震支座参数表

以图中方框所在行为例，其截面为圆形，由表中给的数据可知以下隔震支座参数：

（1）直径：650mm

（2）竖向压缩刚度：3051kN/mm

（3）水平等效刚度：2.48kN/mm

（4）屈服后刚度：1.62kN/mm

（5）屈服力：92kN

按照目前大多数隔震工程的经验，隔震支座拉刚度为压刚度的 1/10，屈服后刚度和屈服前刚度比一般取 1/13～1/15。若对这两个参数不确定，也可征求生产厂家的意见。根据以上参数，可以将其换算为 YJK 隔震支座单元的输入参数（注意软件中的量纲为 kN，m）：

(1) 隔震支座面积：$3.14 \times 0.65 \times 0.65/4 = 0.332 \text{m}^2$

(2) U1 方向有效刚度一般与压刚度设为一致：3051000kN/m

(3) U1 方向非线性参数的压刚度：3051000kN/m

(4) U1 方向非线性参数的拉刚度：305100kN/m

(5) U2 及 U3 方向有效刚度：2480kN/m

(6) U2 及 U3 方向屈服后刚度比：$1/13 = 0.0769$

(7) U2 及 U3 方向屈服力：92kN

(8) U2 及 U3 方向非线性刚度 = 屈服后刚度/屈服后刚度比 = $1620/0.0769 = 21060 \text{kN/m}$

(9) 由于不采用反应谱方法计算隔震结构，所以有效阻尼可以填 0，最终设定好的参数对话框参见图 3.7。

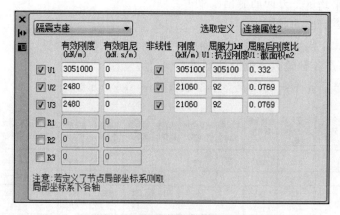

图 3.7   隔震支座参数对话框

目前 YJK 软件弹性时程模块的"工况组合"功能是将恒载、活载、地震三个工况的隔震支座各向指标的结果进行线性叠加。所以如果用户设定了隔震支座轴向拉压刚度不一致，其轴向存在非线性，所以此时应谨慎处理其拉压内力及拉压应力的结果，并且此时将地震工况的分项系数设置为负数将会产生错误结果。例如，若隔震支座压刚度为拉刚度的 10 倍，则很可能某个隔震支座在地震单工况下产生的最大拉力为 1kN，最大压力为 10kN（仅举例），假定将地震工况的分项系数设置为－1，那么相当于地震单工况下，该隔震支座的最大拉力为 10kN，最大压力为 1kN，显然不符合实际情况，此时应该将地震波数据加负号，再次计算。

用户也可不设定拉压刚度不一致，将拉刚度设为和压刚度一致进行计算，而后看工况组合下各支座的拉压内力，如果没有出现受拉的情况，则证明计算结果无误。

第4章

隔震结构工程应用

4.1 工程简介

海口寰岛试验学校由迹建筑事务所华黎先生主创设计。学校选址位于海口市，属季风性热带气候，日照时间长，辐射能量大，年平均日照时数 2225 小时；年平均气温 23.8℃，最高平均气温 28.0℃，最低平均气温 18.8℃，年无霜期 346 天；年平均降水量 1691mm，雨日 150 天；年平均蒸发量 1847mm，干燥度 1.08°，平均相对湿度 85％。常年以东北风和东风为主，冬季时有强寒流侵袭，带来短时阵寒；5～11 月时有热带气旋影响。海口寰岛试验学校场地位于海南省海口市海甸岛五东路北侧，位置如图 4.1 所示。

图 4.1 寰岛实验学校场地位置

学校初中部建设用地为一个西、北边长，东、南边短的直角梯形，总占地面积 14108m² ，规划要求容积率不超过 1.2，建筑密度不超过 25％，绿化率不低于 40％，建筑高度不超过 25m。场地西、南两侧分别规划有 15m 和 13m 宽的城市支路，目前尚未建设。南、北、西三边则已被多个居住小区所环绕，且由于场地自身占地面积有限，周边建成住宅又均为多、高层建筑，对场地形成了较强的包围感与压迫感。

以上述总体布局为基础，结合"与初中生年龄相协调的空间组织方式，使校园生活更丰富与多样"的设计理念，校园空间的设计遵循下列三项原则：

（1）强调底层公共空间的连续性，形成教学楼、操场、宿舍楼以及食堂下沉庭院之间围合-连通的空间关系，在有限的场地内为学生提供最大可能的室外/半室外活动场所。

（2）充分利用围绕两个院落空间的垂直界面创造不同层级和开放度的楼层公共空间，

最大限度地实现设计理念，形成两个院落内部各楼层间的趣味互动关系。

（3）结合海口市亚热带气候特点的气候应对策略，为校园创造良好的遮阳与自然通风条件。

最终形成的校园总体布局方案为：教学楼（含行政办公区）集中布置在南侧，为一栋依场地轮廓而建的六层内院式建筑，是校园面向城市道路的形象展示窗口。多功能厅布置在教学楼一层，位于建筑中心庭院的下部。宿舍楼为一栋平行场地北边界的四层板式建筑，其西段为男生宿舍，东段为女生宿舍。食堂布置在场地西北，与教学楼和宿舍楼均保持着的紧密联系，并为了有效降低校园建筑密度，实现中央操场空间的开敞性和视野的开阔性，削弱校园因用地面积局限而产生的压迫感，采用了单层地下建筑的形式。其主口为一位于操场西端的大尺度楔形下沉庭院，次入口下沉庭院则位于宿舍楼下部。校园空间则被建筑体量整合、划分为一大一小两个尺度适宜的院落空间，即位于教学楼与宿舍楼之间的半围合式的中央操场空间与教学楼内部的中心庭院空间（图 4.2、图 4.3）。

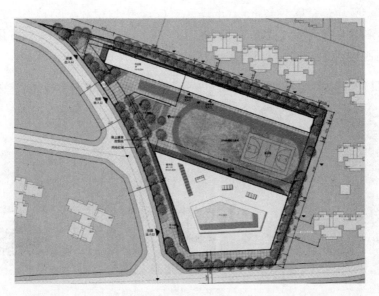

图 4.2　校园布局图

图 4.3　校园布局模型

本工程教学楼局部地下一层，地上五层，采用基础隔震技术进行设计，基础采用桩筏基础，在筏板顶设置支墩，在支墩上设置铅芯橡胶隔震支座（图4.4～图4.8）。

图4.4　教学楼立面图一

图4.5　教学楼立面图二

图 4.6　教学楼立面图三

图 4.7　教学楼立面图四

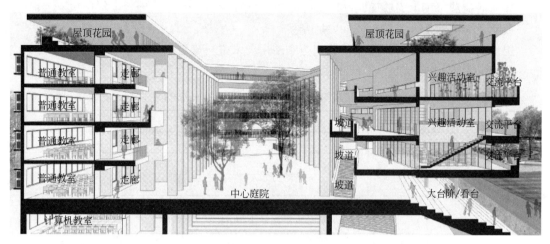

图 4.8 教学楼剖面图

4.2 基本参数

本工程教学楼采用基础隔震技术，共设置 85 个橡胶支座，包括铅芯橡胶支座和天然橡胶支座。其中 1000 直径铅芯橡胶支座 21 个，900 直径铅芯橡胶支座 43 个，900 直径天然橡胶支座 23 个。

4.2.1 基本设计参数

1. 基本参数

结构设计使用年限：50 年

结构设计基准期：50 年

结构设计耐久性年限：50 年

结构安全等级：一级

结构重要性系数：1.1

地基基础设计等级：乙级

抗震设防类别：乙类

场地特征周期：0.45s

阻尼比：0.05

2. 恒荷载取值

结构自重程序自动考虑

100mm 建筑面层做法 200kg/m²

50mm 建筑面层做法 100kg/m²

梁上恒荷载按容重 800kg/m³ 进行导算

3. 活荷载取值

风荷载基本风压（50 年一遇）：0.75kN/m²

雪荷载基本雪压（50 年一遇）：0.00kN/m²

屋面活荷载（不上人屋面）：$0.5kN/m^2$

屋面活荷载（上人屋面）：$2.0kN/m^2$

卫生间、设备间等活荷载按荷载规范和使用要求进行确定

4. 地震作用（表4.1、表4.2）

时程分析所用地震加速度的最大值（cm/m^2） 表4.1

		a_{max}
50年超越概率	63%	110
	10%	294
	2%	510

水平影响系数最大值 α_{max} 表4.2

		α_{max}
50年超越概率	63%	0.24
	10%	0.68
	2%	1.2

抗震设防烈度：8度（$0.3g$）

抗震设防分类：乙类

阻尼比：0.05

场地特征周期：0.45s

水平地震影响系数最大值：0.24

场地类别：Ⅲ类（第一组）

4.2.2 设计依据

建筑方案图及其他专业技术条件

《建筑结构可靠度设计统一标准》 GB 50068—2001

《建筑结构荷载规范》 GB 50009—2012

《建筑抗震设计规范》 GB 50011—2010

《建筑地基基础设计规范》 GB 50007—2011

《建筑桩基技术规范》 JGJ 94—2008

《混凝土结构设计规范》 GB 50010—2010

《钢结构设计规范》 GB 50017—2003

国家相关规法及图集

《建筑地基基础工程施工质量验收规范》 GB 50202—2002

《建筑基桩检测技术规范》 JGJ 106—2003

《钢筋混凝土灌注桩》 10SG813

《建筑工程抗震设防分类标准》 GB 50223—2008

《型钢混凝土组合结构技术规程》 JGJ 138—2001

《工程建设标准强制性条文》房屋建筑部分

《工业建筑防腐蚀设计规范》	GB 50046—2008
《地下工程防水技术规范》	GB 50108—2008
《钢筋焊接及验收规程》	JGJ 18—2008
《钢筋机械连接通用技术规程》	JGJ 107—2003

4.2.3 岩土工程勘察报告

本工程基础设计依据是中国有色金属长沙勘察设计研究院有限公司提供的《海口海甸岛房地产开发总公司海口寰岛实验学校初中部岩土工程勘察报告（详细勘察）》。拟建场地不存在影响场地稳定性的不良地质作用。场地内存在严重液化土层及易产生震陷的软弱土层，为建筑抗震不利地段，采取相应处理措施后，该场地是稳定的，较适宜本工程建设。基础设计时应考虑地下水对基底的浮托作用，地下水对基坑开挖降水以及临时性和永久性抗浮都有影响，需进行抗浮设计。场地第一层地下水对混凝土结构具有微腐蚀性，对钢筋混凝土结构中的钢筋按干湿交替评价为具弱腐蚀性，按长期浸水评价为具微腐蚀性；第二层地下水对混凝土结构及钢筋混凝土结构中的钢筋均具微腐蚀性；场地土对混凝土结构具微腐蚀性，对钢筋混凝土结构中的钢筋具微腐蚀性。基坑开挖过程中应注意对周围建筑的影响并做好支护工作，确保基坑安全。开挖到位后应及时组织验槽，合格后再进行下一步工作。基坑回填采用三七灰土分层夯实回填，压实系数 0.95。本工程基础形式采用桩筏基础。

1. 工程地质资料（表 4.3、表 4.4）

地基土主要物理力学性质指标及承载力特征值   表 4.3

地层编号及岩土名称	含水量 ω_f	天然重度 γ	压缩模量 E_{s1-2}	压缩系数 α_{1-2}	黏聚力 c_k	内摩擦角 φ_k	液性指数 I_L	孔隙比 e	承载力特征值 f_{ak}
	%	kN/m³	MPa	MPa⁻¹	kPa	°			kPa
①杂填土	/	18.0 *	/	/	3.0 *	8.0 *	/	/	/
②粉砂	/	20.0 *	9.00 *	/	1.0 *	20.0 *	/	/	90
③淤泥	53.7	16.2	2.27	1.13	13.5	10.2	1.20	1.553	65
④粉质黏土	46.8	16.9	5.41	0.44	37.7	11.7	0.58	1.322	110
⑤-1 粉质黏土	31.1	18.0	4.87	0.40	33.0 *	9.0 *	0.44	0.944	140
⑤粉砂	/	20.0 *	10.0 *	/	1.0 *	20.0 *	/	/	180
⑥粉质黏土	30.0	18.4	4.58	0.41	31.0 *	12.0 *	0.56	0.887	200

注：* 为经验数值。

桩基础设计参数建议表   表 4.4

建议指标 / 土层名称	钻（冲）孔灌注桩			预制管桩（带桩头）		
	桩的极限侧阻力标准值 q_{sik}(kPa)	桩的极限端阻力标准值 q_{pk}(kPa)		桩的极限侧阻力标准值 q_{sik}(kPa)	桩的极限端阻力标准值 q_{pk}(kPa)	
		$10 \leqslant l < 15$	$15 \leqslant l < 30$		$9 \leqslant l < 16$	$16 \leqslant l < 30$
①杂填土	/			/		
②粉砂	22			24		
③淤泥	12			14		

建议指标\n\n土层名称	钻(冲)孔灌注桩			预制管桩(带桩头)		
	桩的极限侧阻力标准值 q_{sik}(kPa)	桩的极限端阻力标准值 q_{pk}(kPa)		桩的极限侧阻力标准值 q_{sik}(kPa)	桩的极限端阻力标准值 q_{pk}(kPa)	
		$10{\leqslant}l{<}15$	$15{\leqslant}l{<}30$		$9{\leqslant}l{<}16$	$16{\leqslant}l{<}30$
④粉质黏土	50	450		55	1400	
⑤-1 粉质黏土	55	600	750	60	1800	2200
⑤粉砂	46	750	900	50	2100	3000
⑥粉质黏土	55			60		

2. 场地地震地质灾害评价

据区域地质资料表明,拟建场地位于琼北新生代断陷盆地之中,该盆地是由其南缘的近东西向光村——铺前断裂、近南北向的南渡江断裂所控制,上述断裂距本场地距离远超过发震断裂最小避让距离(200m),本次钻探地基深度范围无断裂构造,属相对稳定地块。

拟建场地位于海相沉积Ⅰ级阶地,场地范围内经人工整平后,整体地势较平缓,现为空地。勘察期间实测钻孔孔口高程为 2.49~3.10m,高差 0.61m。

根据本次勘察结果,钻探揭露的场地范围地表下最大深度 55.00m 内的地层,根据野外岩性特征,结合室内土工试验成果,综合划分为 7 个岩性单元层。土层自上至下分别为①杂填土、②粉砂、③淤泥、④粉质黏土、⑤-1 粉质黏土、⑤粉砂及⑥粉质黏土。

根据本次勘察结果,在勘察范围内未发现有影响场地稳定性的活动断裂构造、滑坡、泥石流、危岩、崩塌、采空区和地面沉降等不良地质作用,同时场地内未发现有埋藏的河道、沟浜、墓穴及防空洞等其他对工程不利的埋藏物。但场地内存在严重液化土层及易产生震陷的软弱土层,为建筑抗震不利地段,采取相应处理措施后,该场地是稳定的,较适宜本工程建设。

勘察期间,拟建场地内未发现有地表水。但在勘察深度范围内各孔均揭露有两层地下水。第一层地下水稳定水位埋深为 1.60~1.95m,相应标高为 0.79~1.30m;第二层地下水稳定水位埋深为 18.40~23.90m,相应标高为 −21.19~−15.50m。年水位浮动幅度为 1.50m。抗浮设计水位按设计室外地坪标高考虑。

场地第一层地下水对混凝土结构具有微腐蚀性,对钢筋混凝土结构中的钢筋按干湿交替评价为具弱腐蚀性,按长期浸水评价为具微腐蚀性;第二层地下水对混凝土结构及钢筋混凝土结构中的钢筋均具微腐蚀性。

3. 基础方案

本工程拟建教学楼(局部设一层地下室),基础形式采用桩筏基础,桩型可采用(带桩头)混凝土预制桩或钻(冲)孔灌注桩,以⑤粉砂作为桩基持力层。

场地有放坡空间的基槽可放坡开挖,无空间放坡的采取排桩+锚杆或地下连续墙等进行支护,基槽外围设止水帷幕止水后采取适当降、排水(如管井、排水沟)措施,具体的基坑支护和降水应委托有资质的单位进行专门设计。基槽开挖后,应通知勘察单位会同有关部门，做好验槽工作。

4.3 结构隔震分析

4.3.1 计算模型

非隔震计算模型采用精细化建模方式（图4.9），将主体结构及楼梯坡道等关系建入结构模型，上支墩底部铰接。采用8.5度中震参数进行结构计算。

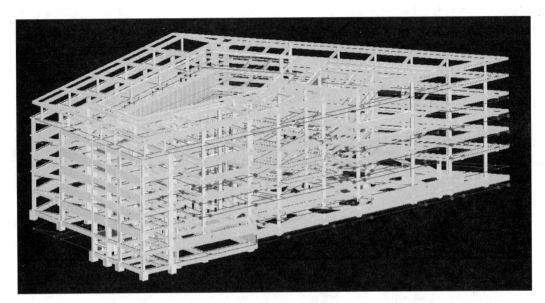

图 4.9 非隔震计算模型

在非隔震计算模型上支墩柱底加入隔震支座，即成为隔震分析模型（图4.10），采用8.5度中震参数进行结构计算。

图 4.10 隔震计算模型

4.3.2 时程分析选波说明

基本要求：7条波取平均，3条波取包络；天然波不少于总数对的2/3；弹性时程分析每条波计算所得结构底部剪力不应小于振型分解反应谱法计算的65%；多条时平均值不应小于80%；有效持时为结构基本周期的5～10倍；地震波峰值按8.5度中震参数取值。

地震波选波需进行双控：

（1）所选地震波基底剪力与非隔震模型进行比较，弹性时程分析每条波计算所得结构底部剪力不应小于振型分解反应谱法计算的65%；多条时平均值不应小于80%；有效持时为结构基本周期的5～10倍；

（2）所选地震波与隔震模型、非隔震模型进行比较：应同时满足隔震与非隔震在主要周期点上的相似性要求；确有困难时，对非隔震结构主要周期点上的相似性要求可适当放宽。

4.3.3 隔震支座布置

隔震支座布置如图4.11所示。

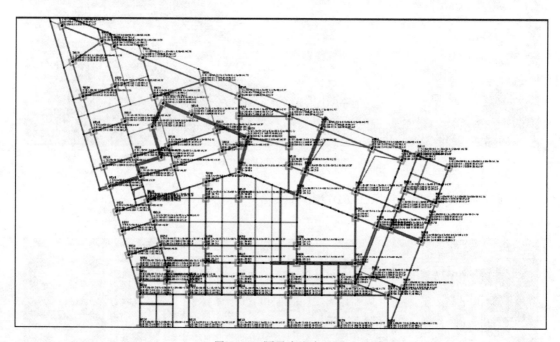

图4.11 隔震支座布置图

（1）1000直径铅芯橡胶支座参数如图4.12所示。

（2）900直径铅芯橡胶支座参数如图4.13所示。

（3）900直径天然橡胶支座参数如图4.14所示。

4.3.4 偏心率验算

隔震层刚度中心与上部结构的质量中心基本重合，偏心率最大为相应方向楼长（或宽）的5%（图4.15）。

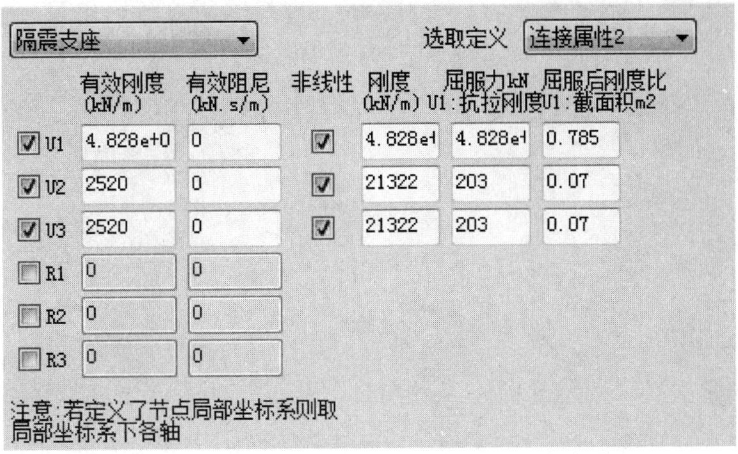

图 4.12　1000 直径铅芯橡胶支座参数

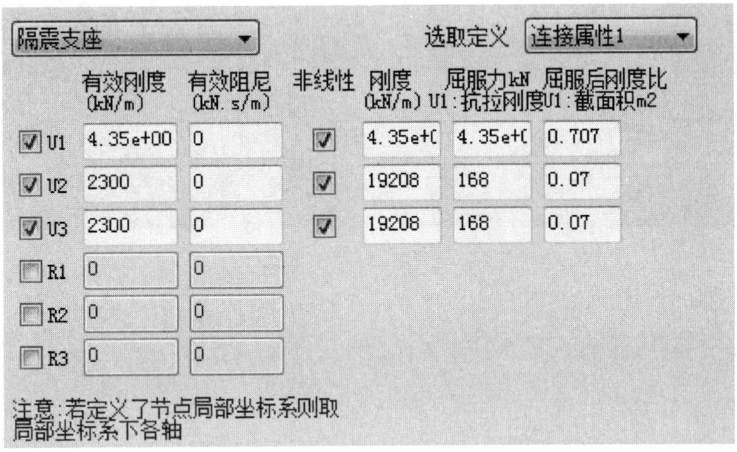

图 4.13　900 直径铅芯橡胶支座参数

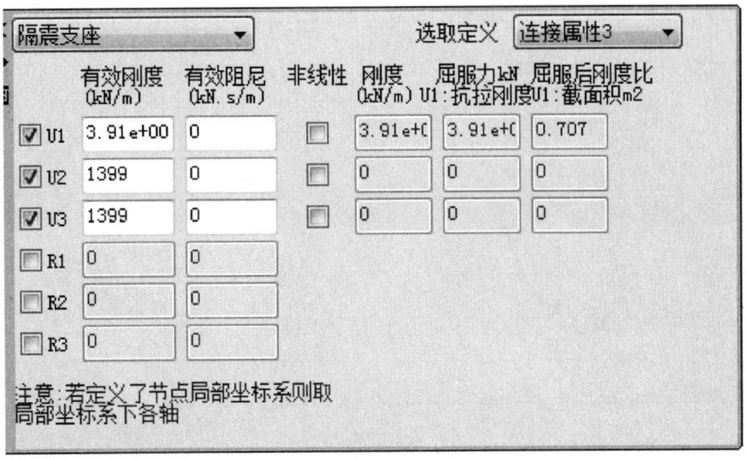

图 4.14　900 直径天然橡胶支座参数

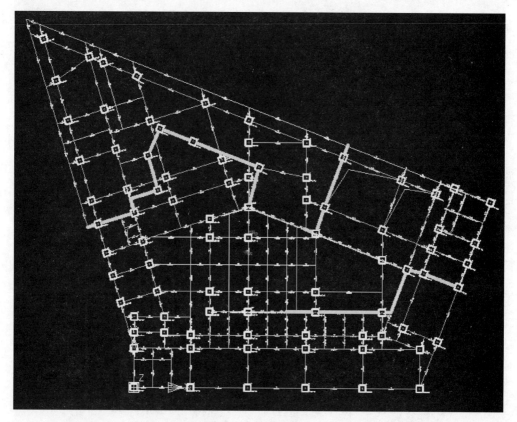

图 4.15　形心示意图

4.3.5　隔震与非隔震结构的周期及振型

从表 4.5 中的对比可以看出：当非隔震模型加入隔震支座后，其主体结构周期变长，地震作用减小，符合预期的隔震设计要求。

隔震与非隔震结构周期列表（s）　　　　　　　　　　　　　表 4.5

	非隔震结构	隔震结构
1	0.8916	2.4137
2	0.7536	2.3834
3	0.6509	2.2669
4	0.3306	0.5476
5	0.3052	0.488
6	0.2688	0.4102
7	0.2592	0.2651
8	0.2433	0.2349
9	0.2201	0.1695

从表 4.6 中的对比可以看出：加入隔震支座后，上部结构基本以水平向平动为主，变形主要集中在隔震层位置。

	非隔震结构	隔震结构
1		
2		
3		

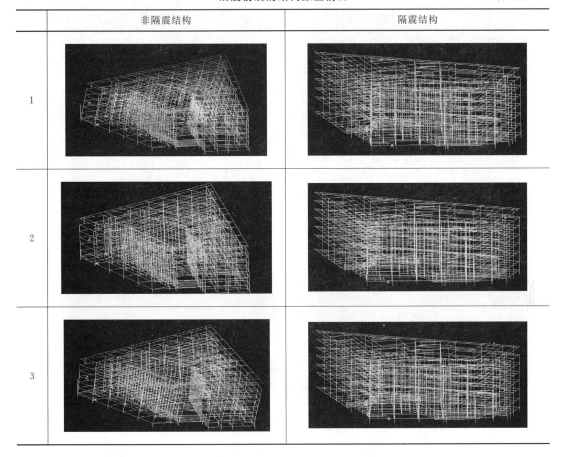

4.3.6 时程选波结果

为减轻计算工作量，选取三条波进行时程分析。其中两条天然波（图 4.16、图 4.17），一条人工波（图 4.18），地震波峰值按 8.5 度中震取值，峰值为 294Gal。

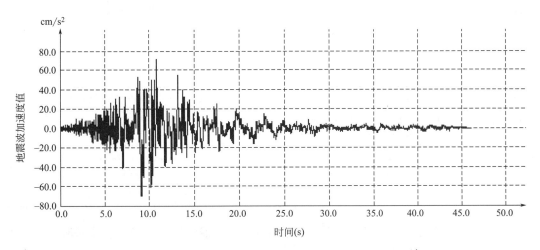

图 4.16　Chi-Chi，Taiwan-04 _ NO _ 2699，Tg（0.55）波

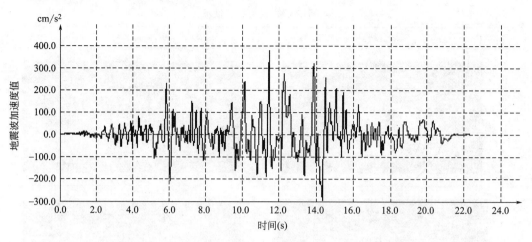

图 4.17　Superstition Hills-02 _ NO _ 723，Tg（0.70）波

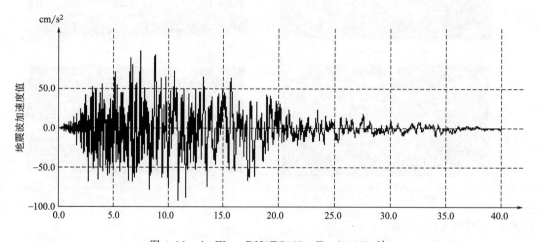

图 4.18　ArtWave-RH1TG065，Tg（0.65）波

　　此三条地震波需与非隔震模型进行比较，弹性时程分析每条波计算所得结构底部剪力不应小于振型分解反应谱法计算的 65%（表 4.7）；多条时平均值不应小于 80%；有效持时为结构基本周期的 5～10 倍；地震波与隔震模型、非隔震模型进行比较，满足在主要周期点上的相似性要求。

非隔震模型基底剪力对比　　　　　　　　　　　　　　　　　表 4.7

地震波	反应谱法基底剪力(kN)	时程分析基底剪力(kN)	
Chi-Chi，Taiwan-04_NO_2699，Tg(0.55)---天然波	56908.239	69689.166	122%
Superstition Hills-02_NO_723，Tg(0.70)---天然波	56908.239	69172.573	121%
ArtWave-RH1TG065，Tg(0.65)---人工波	56908.239	62447.967	109%
平均值	56908.239	67103.235	117%

　　每条波计算所得结构底部剪力不小于振型分解反应谱法计算的 65%；多条时平均值不小于 80%；选波满足要求。

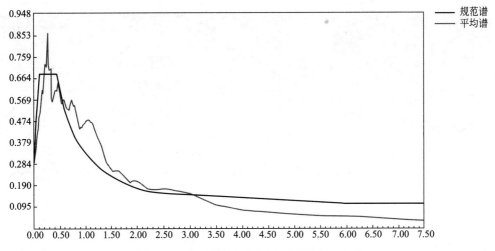

图 4.19　多波平均与非隔震模型反应谱比较

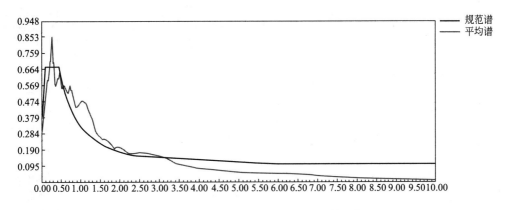

图 4.20　多波平均与隔震模型反应谱比较

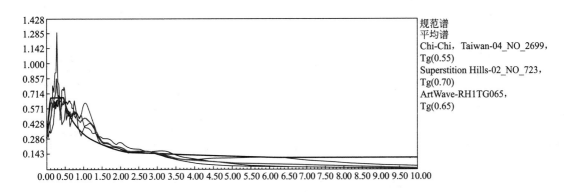

图 4.21　地震波反应谱与隔震模型规范反应谱对比图

4.3.7　减震系数 β 分析

从表 4.8 可知，水平向减震系数 β 为 0.358。

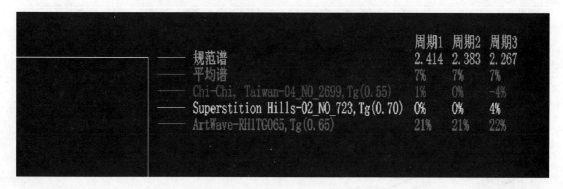

			周期1	周期2	周期3
——	规范谱		2.414	2.383	2.267
——	平均谱		7%	7%	7%
——	Chi-Chi, Taiwan-04_NO_2699,Tg(0.55)		1%	0%	-4%
——	Superstition Hills-02_NO_723,Tg(0.70)		0%	0%	4%
——	ArtWave-RH1TG065,Tg(0.65)		21%	21%	22%

图 4.22　主要周期点上数值对比

层间剪力及比值　　　　　　　　　　　　　　　　　　表 4.8

中震情况下的时程分析方法计算隔震与非隔震模型的层间剪力及其比值

地震波	方向	楼层号	非隔震	隔震	比值
Chi-Chi,Taiwan-04_NO_2699,Tg(0.55)---天然波	0°方向	7	17339.4	4726.807	0.272605071
		6	31635.98	8182.469	0.258644398
		5	39270.33	10490.57	0.267137288
		4	45361.15	13010.12	0.286811956
		3	51526.42	14237.31	0.276310854
		2	64984.57	16794.46	0.258437572
		1	69689.17	17927.24	0.257245696
	90°方向	7	21091.47	5580.557	0.264588363
		6	35982.29	9626.171	0.267525276
		5	43598.26	12639.4	0.28990619
		4	48723.69	15031.62	0.308507509
		3	64319.13	15656.55	0.243419869
		2	80287.47	17130.77	0.213367864
		1	83454.43	18151.12	0.217497422
Superstition Hills-02_NO_723,Tg(0.70)---天然波	0°方向	7	14470.74	5182.268	0.35812048
		6	29521.03	10074.75	0.341273582
		5	41366.41	13827.73	0.334274363
		4	51514.65	16510.19	0.320494998
		3	58411.67	18142.69	0.310600415
		2	64653.2	18694.12	0.289144519
		1	69172.57	21740.64	0.314295682

中震情况下的时程分析方法计算隔震与非隔震模型的层间剪力及其比值

地震波	方向	楼层号	非隔震	隔震	比值
Superstition Hills-02_NO_723,Tg(0.70)---天然波	90°方向	7	19492.07	5385.661	0.276300162
		6	40248.47	10516.84	0.261297858
		5	56422.05	14576.62	0.258349687
		4	67035.22	17280.04	0.257775479
		3	74396.33	18603.72	0.250062305
		2	81603.63	18094.33	0.221734418
		1	83032.25	21743.41	0.261867036
ArtWave-RH1TG065,Tg(0.65)---人工波	0°方向	7	14707	4790.603	0.325736292
		6	30002.91	8751.874	0.291700887
		5	42012.43	11384.39	0.270976734
		4	50182.2	13929.61	0.277580713
		3	55318.57	15782.93	0.285309813
		2	60766.24	18808.92	0.309529089
		1	62447.97	19923.72	0.31904507
	90°方向	7	17457.38	4943.683	0.283185899
		6	35159.06	8913.942	0.253531842
		5	48467.88	12257.57	0.252900937
		4	55061.44	14894.3	0.27050322
		3	55545.82	16846.09	0.303282823
		2	61692.63	19181.84	0.310926042
		1	62894.52	20110.04	0.319742304

根据《建筑抗震设计规范》GB 50011—2010 第 12.2.5 条：

> 隔震后水平地震作用计算的水平地震影响系数可按本规范第 5.1.4、5.1.5 条确定。其中，水平地震影响系数最大值可按下式计算：

$$\alpha_{max1} = \beta\alpha_{max}/\Psi \qquad\qquad (12.2.5)$$

式中　α_{max1}——隔震后的水平地震影响系数最大值；

　　　α_{max}——非隔震的水平地震影响系数最大值，按本规范第5.1.4条采用；

　　　β——水平向减震系数；对于多层建筑，为按弹性计算所得的隔震与非隔震各层层间剪力的最大比值。对高层建筑结构，尚应计算隔震与非隔震各层倾覆力矩的最大比值，并与层间剪力的最大比值相比较，取二者的较大值；

　　　Ψ——调整系数；一般橡胶支座，取0.80；支座剪切性能偏差为S-A类，取0.85；隔震装置带有阻尼器时，相应减少0.05。

　　注：1 弹性计算时，简化计算和反应谱分析时宜按隔震支座水平剪切应变为100％时的性能参数进行计算；当采用时程分析法时按设计基本地震加速度输入进行计算；

　　2 支座剪切性能偏差按现行国家产品标准《建筑隔震橡胶支座》GB 20688.3确定。

确定水平地震影响系数最大值α_{max1}时，应注意：（1）应正确选定支座剪切性能偏差类别，甲、乙类建筑应选用S-A类，当选用S-A类时，应在施工图中明确标注，以免误按S-B类检验；（2）确定Ψ值时尚应注意是否设置了独立的阻尼器装置（铅芯支座不在其内），如设置独立阻尼器，应注意Ψ值减小0.05。

根据规范式（12.2.5），$\beta=0.358$，$\alpha_{max}=0.24$，调整系数Ψ为0.85

$$\alpha_{max1} = 0.358\times0.24/0.85 = 0.101$$

考虑到时程分析选了三条地震波，按规范5.1.2要求，当采用三条时程曲线时，计算结果取时程法的包络值与振型分解反应谱法的较大值，因此对隔震后的水平地震影响系数再进行放大，时程基底剪力与CQC基底剪力最大比值为1.22，因此将0.101再放大1.22倍，最终为$1.101\times1.22=0.123$，在进行上部结构分析时水平地震影响系数最大值α_{max1}调整为0.123。

4.3.8　静力荷载代表值下隔震支座压应力验算

根据规范要求，在静力荷载代表值下，各个隔震支座的压应力应满足表4.9中的要求。

隔震支座最大拉压力验算参考值　　　　　　　　　　表4.9

建筑类别	甲类建筑	乙类建筑	丙类建筑
压应力限值（MPa）	10	12	15

本工程为乙类建筑，静力荷载代表值下支座压应力不能大于12MPa。

从表4.10可知：静力荷载代表值下支座压应力最大为8.12，不大于12MPa。

隔震支座	正向最大（MPa）	隔震支座	正向最大（MPa）	隔震支座	正向最大（MPa）	隔震支座	正向最大（MPa）
1	−4.66169	23	−5.54527	45	−1.34267	67	−3.70492
2	−4.80488	24	−5.00241	46	−1.58528	68	−2.79866
3	−4.71019	25	−5.34817	47	−1.07089	69	−1.65608
4	−5.12369	26	−3.9195	48	−0.635	70	−1.65018
5	−4.85814	27	−4.0872	49	−0.90912	71	−2.7511
6	−4.5905	28	−4.08252	50	−1.49104	72	−1.20196
7	−5.49852	29	−5.11347	51	−2.02737	73	−3.98168
8	−1.7503	30	−4.99636	52	−3.10837	74	−2.81542
9	−5.29326	31	−4.30816	53	−2.04405	75	−2.35267
10	−5.35634	32	−4.04117	54	−2.76415	76	−4.78358
11	−2.92612	33	−5.41494	55	−2.19782	77	−3.61511
12	−5.36346	34	−5.71932	56	−2.78499	78	−2.73379
13	−6.14367	35	−6.41053	57	−0.8036	79	−4.24543
14	−7.39919	36	−4.87617	58	−2.05191	80	−8.1231
15	−4.92704	37	−7.60028	59	−1.07594	81	−7.19445
16	−5.11886	38	−5.1557	60	−1.31668	82	−2.13417
17	−2.62449	39	−6.3364	61	−3.1185	83	−6.1008
18	−7.79983	40	−2.66845	62	−5.29959	84	−5.04552
19	−2.61978	41	−4.06893	63	−3.4888	85	−4.58768
20	−2.91064	42	−1.98114	64	−5.05484	86	−2.08722
21	−3.30328	43	−4.72879	65	−2.96009		
22	−2.99024	44	−7.5045	66	−1.17037		

4.3.9 罕遇地震下，隔震层位移验算

罕遇地震下隔震支座的变形不大于支座有效直径的 0.55 倍和支座内部橡胶总厚度的 3.0 倍二者中的较小值，本工程最小支座直径 900，其 0.55 倍为 495mm，支座内部橡胶层厚度为最小约 165，其 3 倍为 495，根据上述可知，隔震支座变形不大于 495mm，可满足要求。

罕遇地震下隔震支座的变形采用时程分析，地震波峰值改为 510Gal（图 4.23）。

为节省篇幅仅列出第一条波的位移结果（表 4.11）。

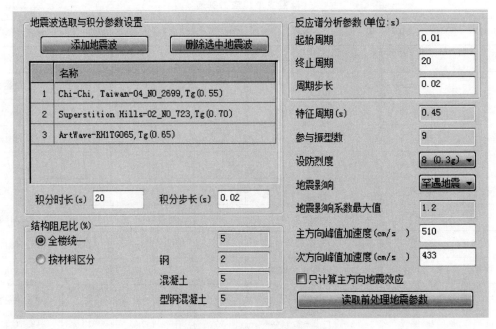

图 4.23 时程分析参数输入

罕遇地震下隔震支座变形列表   表 4.11

第 1 条地震波：Chi-Chi,Taiwan-04_NO_2699,Tg(0.55)位移统计								
非线性时程分析隔震支座变形统计,X 向地震(1)恒＋(0.5)活＋(1)地震					非线性时程分析隔震支座变形统计,Y 向地震工况(1)恒＋(0.5)活＋(1)地震			
隔震支座	U2 方向(Y 轴)最大位移(mm)	U2 方向(Y 轴)最小位移(mm)	U3 方向(X 轴)最大位移(mm)	U3 方向(X 轴)最小位移(mm)	隔震支座	U2 方向(Y 轴)最大位移(mm)	U2 方向(Y 轴)最小位移(mm)	U3 方向(X 轴)最大位移(mm)	U3 方向(X 轴)最小位移(mm)
1	14.26	−26.15	162.21	−187.41	1	143.3	−177.47	26.14	−20.93
2	13.17	−24.37	162.67	−187.8	2	145.78	−179.83	20.02	−15.73
3	12.56	−23.19	163.22	−188.3	3	146.67	−180.12	14.92	−12.19
4	11.87	−21.93	163.59	−188.6	4	147.9	−180.86	10.16	−8.97
5	11.15	−20.66	163.75	−188.63	5	149.27	−181.75	5.6	−6.92
6	10.19	−18.78	163.93	−188.7	6	151.88	−184.06	3.82	−6
7	10.33	−19.24	163.73	−188.94	7	150.5	−182.4	16.16	−13
8	10.4	−19.41	163.68	−189.07	8	148.02	−179.3	23	−18.5
9	9.65	−18.02	163.86	−188.95	9	151.39	−182.65	11.44	−9.85
10	8.97	−16.73	164.56	−189.66	10	153.05	−183.91	6.88	−7.16
11	8.34	−15.62	164.89	−189.6	11	153.74	−184.36	17.54	−19.64
12	8.79	−16.33	162.79	−187.94	12	151.94	−181.83	21.21	−16.9
13	7.65	−14.46	163.69	−189.09	13	154.89	−184.62	14.84	−12.11
14	6.6	−12.64	164.52	−189.63	14	156.59	−185.52	8.2	−7.6

第 1 条地震波：Chi-Chi，Taiwan-04_NO_2699，Tg(0.55)位移统计

非线性时程分析隔震支座变形统计，X 向地震 (1)恒+(0.5)活+(1)地震					非线性时程分析隔震支座变形统计，Y 向地震工况 (1)恒+(0.5)活+(1)地震				
隔震支座	U2 方向（Y 轴）最大位移（mm）	U2 方向（Y 轴）最小位移（mm）	U3 方向（X 轴）最大位移（mm）	U3 方向（X 轴）最小位移（mm）	隔震支座	U2 方向（Y 轴）最大位移（mm）	U2 方向（Y 轴）最小位移（mm）	U3 方向（X 轴）最大位移（mm）	U3 方向（X 轴）最小位移（mm）
15	5.53	−9.97	165.69	−190.52	15	158.96	−186.73	17.53	−19.63
16	5.59	−10.08	165.99	−191.01	16	159.26	−187.05	13.55	−14.74
17	5.6	−10.07	166.38	−191.51	17	159.6	−187.46	12.28	−13.13
18	5.47	−9.12	163.54	−188.72	18	158.82	−185.49	17.25	−13.62
19	4.97	−8.24	165.79	−190.84	19	160.85	−187.64	9.53	−10.04
20	4.95	−8.21	165.78	−190.86	20	160.91	−187.71	7.69	−7.64
21	4.97	−8.25	165.22	−190.31	21	160.82	−187.59	3.41	−5.9
22	4.93	−8.22	165.11	−190.21	22	160.52	−187.22	3.59	−6.12
23	4.62	−7.09	164.5	−189.67	23	161.79	−187.96	10.36	−9.06
24	3.7	−5.12	165.57	−190.38	24	164.25	−189.12	17.63	−19.69
25	3.74	−5.18	165.79	−190.77	25	164.63	−189.53	13.42	−14.67
26	3.81	−5.25	165.95	−191.04	26	163.67	−188.84	9.66	−10.1
27	3.72	−5.17	164.92	−190.12	27	164.46	−189.36	8.29	−7.66
28	3.78	−5.23	163.28	−188.28	28	164.1	−188.91	12.2	−10.41
29	4.1	−5.68	163.15	−188.2	29	163.32	−187.96	15.21	−12.33
30	4.08	−4.51	165.53	−190.33	30	170.03	−191.6	17.53	−19.69
31	3.91	−4.64	164.72	−189.8	31	170.15	−191.64	6.03	−7.19
32	3.95	−4.56	163.89	−188.92	32	169.91	−191.37	8.4	−7.83
33	3.74	−4.77	164.13	−189.29	33	169.11	−190.33	12.53	−10.55
34	5.38	−4.6	164.91	−189.99	34	171.97	−192.32	4.93	−6.45
35	7.38	−4.88	161.89	−186.66	35	172.58	−191.63	8.74	−8.46
36	8.67	−5.42	165.47	−190.24	36	175.73	−193.76	17.41	−19.54
37	10.55	−6.01	164.69	−189.71	37	177.21	−194.61	3.49	−6.18
38	12.55	−7	165.66	−190.63	38	180.05	−197.03	11	−11.88
39	12.39	−6.88	162.52	−187.33	39	177.07	−193.8	7.33	−7.27
40	14.12	−7.88	164.89	−189.61	40	181.76	−198.29	17.24	−19.47
41	14.34	−7.58	165.46	−190.52	41	178.55	−194.6	4.87	−6.53
42	15.88	−8.93	162.87	−187.73	42	180.17	−196	5.84	−6.67
43	11.34	−21.03	163.44	−188.74	43	147.76	−179.98	23.13	−18.32
44	7.91	−14.92	165.43	−190.58	44	154.78	−184.98	3.37	−5.81
45	6.26	−11.92	165.14	−190.33	45	157.97	−186.76	5.89	−7.05

第1条地震波:Chi-Chi,Taiwan-04_NO_2699,Tg(0.55)位移统计

非线性时程分析隔震支座变形统计,X向地震
(1)恒＋(0.5)活＋(1)地震

非线性时程分析隔震支座变形统计,Y向地震工况
(1)恒＋(0.5)活＋(1)地震

隔震支座	U2方向（Y轴）最大位移（mm）	U2方向（Y轴）最小位移（mm）	U3方向（X轴）最大位移（mm）	U3方向（X轴）最小位移（mm）	隔震支座	U2方向（Y轴）最大位移（mm）	U2方向（Y轴）最小位移（mm）	U3方向（X轴）最大位移（mm）	U3方向（X轴）最小位移（mm）
46	4.28	−6.25	165.28	−190.54	46	163.14	−189.11	7.79	−7.51
47	7.69	−14.55	164.03	−189.16	47	155.05	−184.96	10.74	−9.32
48	7.02	−13.4	164.43	−189.51	48	155.8	−185.17	6.7	−6.93
49	7.03	−13.35	164.31	−189.57	49	155.87	−185.11	13.91	−11.45
50	5.81	−10.11	164.34	−189.56	50	157.43	−184.73	12.97	−10.65
51	3.48	−5.04	164.95	−190.2	51	165.22	−189.55	9.51	−8.44
52	8.35	−15.67	165.07	−189.91	52	154.42	−185.19	13.41	−14.67
53	8.28	−15.58	165.14	−190.03	53	154.72	−185.55	11.79	−12.74
54	8.42	−15.75	165.18	−190.15	54	154.27	−185	9.79	−10.57
55	6.61	−12.58	165.96	−191.01	55	157.14	−186.33	11.8	−12.7
56	6.62	−12.61	165.74	−190.78	56	157.29	−186.54	10.15	−10.72
57	9.41	−17.37	164.72	−189.6	57	152.83	−184.19	8.41	−8.83
58	6.96	−13.35	165.66	−190.74	58	156.05	−185.48	7.67	−7.59
59	9.78	−18.1	164.17	−188.96	59	152.34	−184.13	5.8	−6.55
60	7.49	−14.13	166.01	−191.25	60	156	−186.06	4.89	−5.88
61	3.71	−5.15	166.11	−191.18	61	165.17	−190.18	12.01	−12.98
62	4.11	−4.52	165.79	−190.76	62	170.48	−192.05	13.43	−14.68
63	4.13	−4.54	166.11	−191.17	63	170.9	−192.56	12.07	−13.01
64	8.7	−5.45	165.8	−190.78	64	176.15	−194.2	13.34	−14.63
65	8.72	−5.45	166.21	−191.29	65	176.64	−194.76	11.92	−12.93
66	10.45	−5.97	166.45	−191.58	66	178.46	−196.08	12.15	−13.09
67	14.21	−7.82	165.86	−190.83	67	181.43	−197.9	13.33	−14.61
68	15.78	−8.62	165.56	−190.49	68	183.01	−199.03	13.03	−13.99
69	3.71	−5.14	164.96	−190.03	69	164.19	−189.07	3.49	−6.04
70	3.68	−5.11	165.35	−190.37	70	164.57	−189.53	7.6	−7.58
71	10.57	−19.78	164.82	−189.85	71	149.46	−181.47	3.12	−5.72
72	8.52	−16.02	164.78	−189.84	72	153.18	−183.55	4.14	−6.06
73	16.71	−8.01	165.01	−189.95	73	178.22	−193.05	4.52	−7.63
74	17.88	−8.82	163.36	−188.08	74	180.25	−194.96	4.03	−6.72
75	20.01	−9.91	161.05	−185.56	75	180.03	−193.97	5.92	−8.09
76	16	−8.66	161.75	−186.29	76	179.92	−195.58	3.15	−5.6

续表

第 1 条地震波：Chi-Chi，Taiwan-04_NO_2699，Tg(0.55)位移统计

隔震支座	非线性时程分析隔震支座变形统计，X 向地震 (1)恒＋(0.5)活＋(1)地震				隔震支座	非线性时程分析隔震支座变形统计，Y 向地震工况 (1)恒＋(0.5)活＋(1)地震			
	U2 方向（Y 轴）最大位移（mm）	U2 方向（Y 轴）最小位移（mm）	U3 方向（X 轴）最大位移（mm）	U3 方向（X 轴）最小位移（mm）		U2 方向（Y 轴）最大位移（mm）	U2 方向（Y 轴）最小位移（mm）	U3 方向（X 轴）最大位移（mm）	U3 方向（X 轴）最小位移（mm）
77	17.42	−9.4	161.36	−185.93	77	180.04	−195.21	6.34	−7.15
78	18.6	−9.17	161.44	−185.86	78	179.97	−194.36	3.85	−6.76
79	15.22	−8.17	164.41	−189.35	79	180.13	−196.08	3.48	−5.87
80	4.7	−4.59	165.47	−190.61	80	171.11	−192.01	3.48	−6.1
81	4.67	−4.58	166.29	−191.42	81	171	−191.92	9.73	−10.14
82	4.66	−4.59	165.9	−191.02	82	171.16	−192.13	7.72	−7.64
83	10.61	−6.05	165.69	−190.83	83	177.33	−194.74	3.96	−6.01
84	10.64	−6.06	166.29	−191.42	84	177.49	−194.93	10.02	−10.32
85	3.75	−5.2	165.48	−190.69	85	164.63	−189.55	5.12	−6.73
86	13.03	−7.24	165.71	−190.83	86	179.69	−196.46	5.25	−6.11

从三条波的分析列表可知，隔震支座最大变形为 247mm，变形不大于允许值 495mm，隔震支座在罕遇地震下的变形能满足规范要求。

4.3.10 隔震缝宽度验算

隔震缝宽需满足规定要求如下：

不小于罕遇地震下最大支座位移的 1.2 倍，且不小于 200mm 或 400mm（伸缩缝处），水平隔离缝的控制缝高（20～50mm）。

隔震缝的正确设计是隔震结构的重要环节，隔震缝设置在房屋周边，具体见结构平面图，隔震缝宽度 300mm，隔震缝宽度不小于罕遇地震下支座位移的 1.2 倍，经 4.3.9 节分析，隔震支座最大位移为 247mm，其 1.2 倍为 296mm。因此隔震缝宽度 300mm 可以满足规范要求。

4.3.11 罕遇地震下隔震支座拉压应力验算

罕遇地震下隔震支座拉压应力要求如下：

（1）规范限定橡胶隔震支座在罕遇地震下最大拉应力不大于 1MPa。

（2）支座拉应力不满足要求时，宜首先考虑采用设计措施予以消除，亦可考虑设置抗拉装置予以解决。

（3）高层隔震结构当高宽比较大，或为层间隔震时，即便可满足拉应力限值要求，亦宜设置抗拉装置以提高可靠性。

（4）设置抗拉装置时，应对其型号和控制参数予以明确，并提出相应的设计和施工要求。必要时需绘制详图以满足施工和安装要求。

（5）橡胶隔震支座在罕遇地震作用下最大压应力不宜大于 30MPa，对此应予以验证。

为节省篇幅，仅列出第一条波的计算结果（表 4.12）。

罕遇地震下隔震支座应力值列表

表 4.12

第 1 条地震波：Chi-Chi, Taiwan-04_NO_2699, Tg(0.55)应力统计					
(1)恒+(0.5)活+(1)地震, X 方向地震工况			(1)恒+(0.5)活+(1)地震, Y 方向地震工况		
隔震支座	正向最大(MPa)	负向最大(MPa) U1 方向	隔震支座	正向最大(MPa)	负向最大(MPa) U1 方向
1	−3.5157	−5.73014	1	−3.25952	−6.16298
2	−2.92495	−6.67579	2	−3.75833	−5.92688
3	−2.96209	−6.52622	3	−4.08765	−5.49151
4	−3.14154	−7.15467	4	−4.51803	−5.90601
5	−2.05178	−7.61499	5	−4.08054	−5.55396
6	−1.19456	−7.64719	6	−3.31108	−6.065
7	−3.97817	−6.80714	7	−4.67748	−6.09121
8	−0.46132	−3.27404	8	−1.22818	−2.16253
9	−3.60915	−6.84032	9	−4.47355	−5.95436
10	−3.94507	−6.68814	10	−3.79646	−7.08967
11	−0.7426	−4.98631	11	−1.44823	−4.44196
12	−4.99912	−5.71071	12	−4.33267	−6.56743
13	−5.53379	−6.86022	13	−5.96016	−6.40663
14	−6.77364	−8.06035	14	−6.8479	−7.90094
15	−4.4809	−5.21017	15	−3.10562	−6.67126
16	−4.95763	−5.25982	16	−4.14378	−5.90827
17	−2.17846	−3.08368	17	−1.96988	−3.3352
18	−7.39013	−8.18734	18	−6.10808	−9.48386
19	−2.19514	−3.01241	19	−2.06964	−3.16283
20	−2.6525	−3.08456	20	−1.48972	−4.66914
21	−3.02404	−3.67013	21	−1.50344	−4.74836
22	−2.51611	−3.4254	22	−1.76363	−4.51393
23	−5.1025	−5.89644	23	−5.10017	−6.00719
24	−4.78721	−5.25634	24	−3.2786	−6.66561
25	−5.24404	−5.50829	25	−4.39251	−6.13965
26	−3.51574	−4.24302	26	−2.71096	−5.15657
27	−3.50978	−4.66248	27	−3.9701	−4.19076

第 1 条地震波:Chi-Chi,Taiwan-04_NO_2699,Tg(0.55)应力统计					
(1)恒+(0.5)活+(1)地震,X 方向地震工况			(1)恒+(0.5)活+(1)地震,Y 方向地震工况		
隔震支座	正向最大(MPa)	负向最大(MPa) U1 方向	隔震支座	正向最大(MPa)	负向最大(MPa) U1 方向
28	−3.63825	−4.5204	28	−3.40654	−4.66508
29	−4.309	−5.77861	29	−2.47668	−8.13383
30	−4.82237	−5.1814	30	−3.38602	−6.56772
31	−2.75866	−5.77607	31	−3.27784	−5.4328
32	−3.8809	−4.19085	32	−3.08758	−4.9262
33	−4.58621	−6.08527	33	−3.29252	−7.64282
34	−4.98389	−6.59887	34	−4.85094	−6.66738
35	−5.70562	−7.07475	35	−4.74539	−8.33523
36	−4.67687	−5.18411	36	−3.3386	−6.3606
37	−7.26613	−7.91597	37	−7.00368	−8.16665
38	−4.45823	−5.98576	38	−4.37352	−5.98815
39	−5.95148	−6.58344	39	−5.35451	−7.25608
40	−0.65362	−4.79872	40	−0.95879	−4.26009
41	−3.41597	−4.80317	41	−3.73623	−4.43277
42	−1.62098	−2.2827	42	−1.72612	−2.27455
43	−3.55635	−5.66277	43	−2.85537	−6.54168
44	−4.69275	−10.8792	44	−6.28591	−8.58791
45	−1.25402	−1.44136	45	−1.04966	−1.58152
46	−1.27514	−1.84804	46	−1.35583	−1.77218
47	−0.34464	−1.68858	47	−0.97482	−1.16884
48	−0.10324	−1.26989	48	−0.06626	−1.10297
49	−0.67481	−1.1703	49	−0.33215	−1.61701
50	−1.3236	−1.6879	50	−1.46194	−1.51726
51	−1.61664	−2.4822	51	−1.63701	−2.49839
52	−1.96895	−4.11466	52	−2.24843	−3.85319
53	0.060536	−3.9642	53	−1.63115	−2.57942
54	−1.33537	−4.16331	54	−1.37923	−4.29715
55	−0.48829	−4.19468	55	−1.63089	−2.73287
56	−0.61226	−5.17429	56	−2.2254	−3.2364
57	1.17197	−2.44578	57	−0.24493	−1.36077
58	−0.76179	−3.63372	58	−1.79774	−2.28744
59	−0.00505	−2.01669	59	−0.31697	−1.71683
60	−0.77264	−1.97545	60	−1.17842	−1.44554

续表

| 第1条地震波:Chi-Chi,Taiwan-04_NO_2699,Tg(0.55)应力统计 | | | | | |
| (1)恒+(0.5)活+(1)地震,X方向地震工况 | | | (1)恒+(0.5)活+(1)地震,Y方向地震工况 | | |
隔震支座	正向最大(MPa)	负向最大(MPa) U1方向	隔震支座	正向最大(MPa)	负向最大(MPa) U1方向
61	−3.0406	−3.18565	61	−2.97934	−3.29329
62	−5.16405	−5.42625	62	−4.37068	−6.08375
63	−3.43215	−3.54565	63	−3.26087	−3.718
64	−4.97575	−5.16672	64	−4.30454	−5.69569
65	−2.73903	−3.15158	65	−2.66828	−3.2427
66	−1.05913	−1.32088	66	−0.5142	−1.7647
67	−3.29421	−4.01948	67	−3.13425	−4.20845
68	−1.32011	−4.43437	68	−1.43015	−4.22556
69	−1.50341	−1.827	69	−1.40302	−1.86823
70	−1.48055	−1.81693	70	−1.0293	−2.39433
71	−1.19501	−4.11034	71	−1.39711	−3.94355
72	−0.39706	−2.10762	72	0.193335	−2.29589
73	−1.5337	−6.77555	73	−1.03859	−6.58957
74	−0.9065	−4.84061	74	−1.65609	−3.98116
75	−0.88856	−3.88741	75	−0.49631	−4.30351
76	−3.49861	−5.97504	76	−3.76876	−5.82186
77	−2.86186	−4.10029	77	−1.82778	−5.64259
78	−1.01696	−4.61093	78	−2.35425	−3.04166
79	−3.0273	−5.50932	79	−3.98355	−4.44715
80	−7.89998	−8.30122	80	−6.44643	−9.56524
81	−6.76993	−7.61594	81	−5.32735	−9.11376
82	−2.06937	−2.19531	82	−1.85768	−2.45161
83	−5.89856	−6.34453	83	−5.42293	−6.82559
84	−4.61401	−5.44821	84	−4.67245	−5.46043
85	−4.29426	−4.89429	85	−3.2541	−5.99733
86	0.056222	−3.81363	86	−0.61951	−3.77646

注:结果均为隔震支座局部坐标系的结果,而非整体坐标系(U1为Z轴,U2为Y轴,U3为X轴)。

根据三条波的分析列表可知,最大压应力为9.09MPa,由于本工程为多层建筑,且高宽比较小,最终未出现支座受拉的情况,隔震支座在大震下的受拉受压均满足要求。

4.3.12 隔震支座抗风验算

风载下要求隔震层保持弹性,抗风验算时风荷载取重现期为100年的数值,风荷载基本风压为0.9kN/m²(图4.24)。

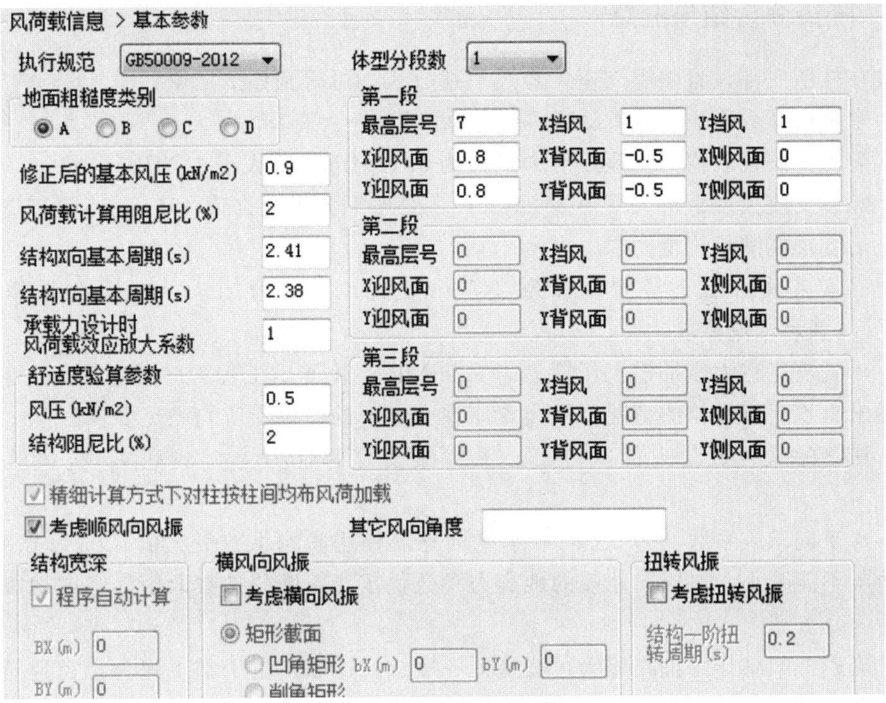

图 4.24　风荷载参数输入

将参数输入软件后，可得风荷载标准值如表 4.13 所示。

各层风荷载列表　　　　　　　　　　　　　　表 4.13

层号	塔号	X 向风荷载	Y 向风荷载
7	1	861.6	1114.8
6	1	1972.3	2551.9
5	1	2696	3488.5
4	1	3269.8	4231.2
3	1	3719.7	4813.6
2	1	4308	5575.2
1	1	4723.1	6112.8

隔震层支座的弹性恢复力为 $K_{100}T_r$，其中 K_{100} 为隔震支座水平剪应变为 100% 时的有效刚度，T_r 为橡胶层总厚度。本工程共采用支座 85 个，其中 1000 直径铅芯橡胶支座 21 个，K_{100} 刚度为 2520；900 直径铅芯橡胶支座 43 个，K_{100} 刚度为 2300；900 直径天然橡胶支座 23 个，K_{100} 刚度为 1399。

1000 直径支座内部橡胶层总厚度为 183mm；

900 直径橡胶层总厚度为 165mm；

总的橡胶支座的弹性力可达到：

$2520 \times 0.183 \times 21 + 2300 \times 0.165 \times 43 + 1399 \times 0.165 \times 23 = 31312\text{kN} > 6112\text{kN}$

弹性力大于最终的风荷载最大值，隔震支座抗风验算满足要求。

4.3.13 隔震分析结果汇总

通过在柱墩底部设置隔震支座，经过上述分析，可得到如下结论：

（1）水平向减震系数 β 为 0.358，α_{max1} 为 0.123。

（2）静力荷载代表值下支座压应力最大为 8.12MPa，不大于 12MPa。

（3）隔震支座大震下最大变形为 247mm，变形不大于允许值 495mm，隔震支座在罕遇地震下的变形能满足规范要求。

（4）隔震支座大震下最大位移为 247mm，其 1.2 倍为 296mm。因此隔震缝宽度 300mm 可以满足规范要求。

（5）隔震支座在大震下最大压应力为 9.09MPa，由于本工程为多层建筑，且高宽比较小，最终未出现支座受拉的情况，隔震支座在大震下的受拉受压均满足要求。

（6）最终的风荷载最大值（6112kN）隔震支座弹性力为 31312kN，抗风验算满足要求。

（7）水平向减震系数 β 为 0.358，水平向地震作用影响系数最大值 α_{max1} 为 0.123，因为竖向地震不能减小，对竖向地震的地震力参数仍按 8.5 度的参数取值，竖向地震作用系数底线值为 0.3。

（8）隔震框架结构的抗震等级可按降低一度进行选取，由于本工程为乙类建筑，抗震等级仍按 8.5 度进行选取，框架的抗震等级为二级，抗震构造措施的抗震等级按一级（本工程为Ⅲ类场地土，其构造措施的抗震等级提高一级）。

4.3.14 上部结构设计

水平向减震系数 β 为 0.358，水平向地震作用影响系数最大值 α_{max1} 为 0.123，因为竖向地震不能减小，对竖向地震的地震力参数仍按 8.5 度的参数取值，竖向地震作用系数底线值为 0.3。

隔震框架结构的抗震等级可按降低一度进行选取，由于本工程为乙类建筑，抗震等级仍按 8.5 度进行选取，框架的抗震等级为二级。

抗震构造措施的抗震等级按一级（本工程为Ⅲ类场地土，其抗震构造措施的抗震等级提高一级）。

上部结构设计采用非隔震模型，柱墩底部为铰接，水平向地震作用影响系数最大值 α_{max1} 为 0.123，竖向地震作用系数底线值为 0.3。按上述参数进行上部结构计算和配筋（图 4.25）。

4.3.15 柱墩及基础设计

对支撑隔震支座的支墩应按罕遇地震进行承载力（弹性）验算；查看在罕遇地震下下隔震支座的最大内力图，按悬臂柱计算柱墩配筋。

4.3.16 基础设计

用非隔震模型进行小震反应谱计算，然后传到基础模块进行基础设计。此处不再赘述。

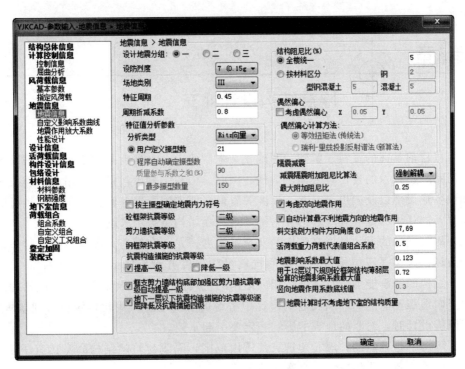

图 4.25 上部结构地震参数设置

第5章

隔震结构设计补充

（1）从目前掌握的资料了解到：明确发文强制要求在高烈度区类如学校及医院等重要建筑使用减隔震技术的省份有云南、新疆、山西、山东、甘肃，推荐使用减隔震技术的有住房和城乡建设部以及四川、河北、海南等省份。西安国际港务区也强制要求推行隔震技术。随着人们认识的提高和政府的强力推动，隔震结构将会越来越多。

（2）隔震设计的目的是提高结构的安全富裕度，尤其在遭遇大震或超大震时保护结构不至于破坏。采用隔震结构后，当地的抗震设防烈度并没有降低，仅仅水平地震作用降低；整个结构的抗震能力没有降低，相反结构的抗震能力大大提高了；目前成熟的隔震技术，对竖向地震不能隔离，隔震建筑设计中考虑的竖向地震作用比传统抗震建筑大得多，在进行隔震设计时，对竖向地震的影响一定要引起重视。

（3）隔震不是万能的，隔震建筑有其适用范围，隔震建筑的结构高宽比宜小于4，且不应大于相关规范对非隔震结构高宽比的限值。

细长的建筑稳定性差，隔震橡胶支座抗拉能力很弱。地震时，细长的建筑在底部会产生拉力，如果拉力超过了隔震橡胶支座的承载力，就将导致整栋建筑的倾覆。因此，高宽比过大的细长结构不适合做隔震。

（4）软弱地基场地做隔震应进行专门的研究。隔震建筑适合建造在坚硬的场地上。因为，如果场地坚硬，则地震动的高频（短周期）成分显著；如果场地软，则地震动的低频成分（长周期）成分显著。隔震技术之所以能够减小上部结构地震作用，是因为通过隔震装置延长了整栋建筑结构的自振周期，使之远离地震动的卓越周期，地震反应得以消减。因此，在坚硬场地上应用隔震技术，隔震效果好。在Ⅳ类场地上应用隔震技术，要专门进行研究。

（5）时程分析选波要科学合理。很多工程师为了追求结构设计的经济性等原因，不惜花大力气"海选"结构隔震分析的地震动输入时程。为了达到目的，"海选"时程要花费很长时间，从几百条甚至上千条强震记录中选出几条来，以满足"减震系数"的要求、满足"大震位移"的要求、满足"支座受拉"的要求等。这样做极其不科学。地震无法预测。未来发生什么样的地震，无人知晓。与其花费过多力气在这些不确定的事情上，不如把精力花费在概念设计、方案优化、施工质量控制、后期管理维护等能够确定的事情上。

（6）重视隔震构造，隔震效果能充分发挥，离不开合理的隔震构造，结构工程师应严格按规范和图集要求采取合理的隔震构造。

（7）对隔震支座产品检测、施工、验收、标识、维护和管理应提出明确的要求：

隔震支座的产品抽检比例应符合《橡胶支座，第3部分：建筑隔震橡胶支座》GB 20688.3—2006的相关要求。建筑橡胶隔震产品各相关检验报告的检测内容及检测方式具体详见《橡胶支座第1部分：隔震橡胶支座试验方法》ISO 22762—1：2005，MOD和

《橡胶支座第3部分：建筑隔震橡胶支座》GB 20688.3—2006。隔震产品的生产厂家应能提供合格出厂的产品检测报告。

隔震支座及其埋件的安装，应由经验丰富的专业工程技术人员指导施工；预埋板安装时必须保持表面水平，用水平尺校平后妥善固定，不得将预埋件螺栓套筒与支墩钢筋焊接，同时也不得将预埋板与其他钢筋焊接；隔震支座下的混凝土必须振捣密实，不得出现蜂窝麻面。若铺设找平层，必须确保其强度；隔震支座的支墩顶面水平度误差不宜大于3‰，在隔震支座安装后，隔震支座顶面的水平度误差不宜大于8‰；隔震支座中心的平面位置与设计位置的偏差不应大于5.0mm；隔震支座中心的标高与设计标高的偏差不应大于5.0mm；同一支墩上多个隔震支座之间的顶面高差不宜大于5.0mm。

隔震支座连接板和外露连接螺栓应采取防锈保护措施。

在隔震支座安装阶段，应对支墩顶面、隔震支座顶面的水平度、隔震支座中心的平面位置和标高进行观测并记录。隔震支座安装完成后，应对上部结构进行变形监测，以确保安全。

在工程施工阶段对隔震支座宜有临时覆盖保护措施，隔震建筑宜设置必要的临时支撑或连接，避免隔震层发生水平位移；在工程施工阶段应对隔震支座的竖向变形及倾斜度作观测并记录。

在工程施工阶段应对上部结构隔震层部件与周围固定物的脱开距离进行检查；隔震支座在施工过程中要做好防护措施，避免发生损伤。

隔震层施工完成后，应在检修口或预留孔洞附近设置警示牌及防护，以防安全事故发生。

当隔震支座外露于地面或其他情况需要密闭保护时，应选择合适材料和做法，保证隔震层在罕遇地震下的变形不受影响，同时需考虑防水、保温、防火、防腐蚀等要求。

设备管线应注意以下几个问题：

a. 上下水的进户管在隔震层处应设置水平向可任意错动的连接，一般采用不锈钢波纹管等柔性接头。

b. 上下水的进户管采用柔性连接构造时，连接件的两端应用丝扣活节连接，连接后连接器应处于竖直状态。

c. 下水管在一层地面楼板下部的一段管两端的两个竖向承插接头中。采用聚氯乙烯改性沥青连接时，承插口缝隙底部先用麻丝类填塞缝深的1/5高，将缝底堵严；油膏用文火缓慢加热融化，控制最高温度在100～300℃。灌缝分两次完成，先灌至缝深的1/3～1/2，用棍将油膏搅动涂抹到两侧粘接面上。

d. 管道柔性接头连接可靠后，在管道固定之前，应先试验管道的变形量是否能达到设计要求，且无泄露后方可使用。否则应及时检查，并与设计方联系，协商解决。

隔震支座应定期进行检查及维护：

a. 业主应指定熟悉本工程的人员进行管理，确保上部结构始终保持在能自由滑动的状态；

b. 按中国工程建设标准化协会标准《叠层橡胶支座隔震技术规范》CECS 126：2001的要求进行维护；

c. 维护规定应包括隔震建筑的定期检查和应急检查工作，定期检查由专门技术人员进行检查，宜在竣工后第 1 年、第 3 年、第 5 年各检查一次，10 年以后每 10 年检查一次，当发生地震、火灾、水灾等异常情况时，应立即进行应急检查；

    d. 应制订和执行对隔震支座进行检查和维护的计划；

    e. 应定期观测隔震支座的变形及外观情况；

    f. 应经常检查是否存在有限制上部结构位移的障碍物，并及时予以清除；

    g. 隔震层部件的改装、修理、更换或加固，应在有经验的专业工程技术人员的指导下进行；

    h. 在隔震房屋重要的隔震构造附近或建筑物入口处，设置隔震警示标记，提醒业主和专业管理人员对隔震层部件及隔震构造进行维护。

附录 1 时程分析常用参数表

地震作用超越概率取值原则   附表 1.1

建筑抗震类别	小震	中震	大震
甲类	63.5%(100 年)	10%(100 年)	2%(100 年)
乙类	63.5%(50 年)	10%(50 年)	2%(50 年)
丙类	63.5%(50 年)	10%(50 年)	2%(50 年)
丁类	63.5%(50 年)	10%(50 年)	2%(50 年)

时程分析所用的地震加速度最大值（cm/s², Gal）   附表 1.2

建筑抗震类别	抗震设防烈度	小震	中震	大震
甲类	6 度 0.05g	22	80	135
	7 度 0.10g	50	135	315
	7 度 0.15g	80	195	450
	8 度 0.20g	110	255	630
	8 度 0.30g	180	375	830
	9 度 0.40g			
乙、丙、丁类	6 度 0.05g	18	45	125
	7 度 0.10g	35	98	220
	7 度 0.15g	55	147	310
	8 度 0.20g	70	196	400
	8 度 0.30g	110	294	510
	9 度 0.40g	140	392	620

水平地震影响系数最大值   附表 1.3

建筑抗震类别	抗震设防烈度	小震	中震	大震
甲类	6 度 0.05g	0.05	0.16	0.31
	7 度 0.10g	0.11	0.3	0.7
	7 度 0.15g	0.18	0.44	1.01
	8 度 0.20g	0.35	0.57	1.41
	8 度 0.30g	0.41	0.84	1.88
	9 度 0.40g			
乙、丙、丁类	6 度 0.05g	0.04	0.11	0.28
	7 度 0.10g	0.08	0.22	0.50
	7 度 0.15g	0.12	0.34	0.72
	8 度 0.20g	0.16	0.45	0.90
	8 度 0.30g	0.24	0.68	1.20
	9 度 0.40g	0.32	0.90	1.40

附录 2 隔震支座参数样表

附表 2.1

Lead-Rubber Bearing 铅芯建筑隔震橡胶支座力学性能及规格尺寸值一览表 (0.55)

型号 (LRB)	设计承载力 (kN)	橡胶直径 (mm)	橡胶总厚度 (mm)	支座高度(不含连接板)mm	一次形状系数 S₁	二次形状系数 S₂	中孔 (mm)	限界变形状(基准面压时的)(%)	剪应变=50%时的水平性能值 屈服后刚度 Kd (kN/m)	等效刚度 (kN/m)	等效阻尼比 Heq (%)	剪应变=100%时的水平性能值 屈服后刚度 Kd (kN/m)	屈服力 Qd (kN)	等效刚度 (kN/m)	等效阻尼比 Heq (%)	剪应变=250%时的水平性能值 屈服后刚度 Kd (kN/m)	等效刚度 (kN/m)	等效阻尼比 Heq (%)	竖向刚度 (kN/m)	方形联结板尺寸 (长×宽×厚) (mm)	重量(不含预埋钢板)(kg/套)
GZY200	471	200	41.3	83.8	19.4	4.84	40	400	468	997	30	412	10.68	665	23	327	429	14	540	250×250×δ12	25.3
GZY300	1060	300	58	106.5	25.9	5.17	60	400	750	1580	30	660	24.02	1065	23	524	687	14	1200	340×340×δ12	56.6
GZY350	1440	350	66.7	132.5	26.2	5.25	70	400	888	1870	30	782	32.70	1350	23	655	893	14	1400	400×400×δ15	98.4
GZY400	1880	400	68.6	132.5	26.2	5.83	80	400	1126	2375	30	993	42.70	1602	23	788	1032	14	1750	500×500×δ15	127.4
GZY500	2940	500	96	164	26	5.21	100	400	1259	2649	30	1106	66.73	1788	23	880	1152	14	2030	600×600×δ15	208.2
GZY600	4240	600	110	185	30	5.45	120	400	1583	3330	30	1390	96.08	2247	23	1106	1448	14	2900	650×650×δ20	399.8
GZY700	5770	700	140	254	35	5.00	140	400	1693	3570	30	1490	130.78	2424	23	1505	1536	14	3450	800×800×δ22	669.6
GZY800	7535	800	160	282	40	5.00	160	400	1590	4085	30	1699	170.82	2746	23	1351	1770	14	4400	950×950×δ22	896.4
GZY900	9538	900	162	278.8	37.5	5.56	180	400	2420	5090	30	2124	216.19	3433	23	1689	2213	14	5200	1050×1050×δ26	1297.2
GZY1000	11775	1000	162	286.8	41.7	6.17	200	400	2985	6280	30	2623	266.90	4238	23	2086	2732	14	6900	1150×1150×δ26	1546.8

注：表中所列隔震垫承载力系以允许承载力 15MPa（丙类）计算所得，乙类\甲类建筑所用隔震垫基承震承载力可按规范做相应调整。

Rubber Bearing 天然橡胶建筑隔震支座力学性能及规格尺寸值一览表

附表 2.2

型号 (LNR)	设计承载力(kN)	橡胶直径(mm)	橡胶总厚度(mm)	支座高度(不含连接板)mm	一次形状系数 S_1	二次形状系数 S_2	限界变形(基准面压时)(%)	水平等效刚度(kN/m)	竖向刚度 K_V(kN/mm)	方形联结板尺寸(长×宽×厚)(mm)	重量(不含预埋钢板)(kg/套)
GZP200	471	200	41.3	83.8	18	4.84	400	401	431	250×250×δ12	24.1
GZP300	1060	300	58	106.5	25	5.17	400	643	1074	340×340×δ12	53.6
GZP350	1440	350	66.5	132.5	25.5	4.8	400	789	1412	400×400×δ15	94.4
GZP400	1880	400	68.6	132.5	25.5	5.83	400	1001	1613	500×500×δ15	119.4
GZP500	2940	500	96	164	25.5	5.21	400	1079	1801	600×600×δ15	194.2
GZP600	4240	600	110	185	29.4	5.45	400	1357	2600	650×650×δ20	372.8
GZP700	5770	700	110	216.5	34.5	6.36	400	1846	3900	800×800×δ22	639.6
GZP800	7535	800	160	282	39	5	400	1660	4050	950×950×δ22	865.4
GZP900	9538	900	162	278.8	37	5.56	400	2075	4870	1050×1050×δ26	1258.2
GZP1000	11775	1000	162	286.8	40	6.17	400	2560	6350	1150×1150×δ26	1500.8

注:1. 表中所列隔震垫承载力系以允许承载力 15MPa(丙类)计算所得,乙类\甲类建筑所用隔震垫基准承载力可按规范做相应调整;
2. 表中数据仅供参考,具体以隔震厂家最新资料参数为准。

附录3 隔震与非隔震结构地震中反应对比实例

1. 美国圣费尔南多地震（1994年1月17日），震级6.7级，死亡56人，伤7300人（附表3.1）。

美国圣费尔南多地震　　　　　　　　　　　　　　　　　　　附表 3.1

	中南加州大学医院（橡胶支座隔震）	橄榄景医院（传统抗震结构）
位置	震中附近	震中附近
底层加速度	0.49g	0.82g
顶层加速度	0.21g	2.31g
震后情况	在这次地震及余震中，6～8英尺高花瓶没有一个掉下来，建筑内部设备均为损坏，成为防灾中心	剪力墙产生裂缝，设备器械翻倒，水管破裂，建筑物不能使用，丧失医院功能

2. 日本仙台东北大学校内相同的两栋三层楼房，得到50个地震记录，最大一次如附表3.2所示。

日本仙台东北大学　　　　　　　　　　　　　　　　　　　附表 3.2

	隔震三层楼房	非隔震三层楼房
地面加速度	0.09g	0.09g
顶层加速度	0.04g	0.27g
比较结论	相同的两栋楼房，隔震结构的顶层加速度仅为非隔震结构顶层加速度的1/7，隔震效果非常明显	

3. 2013年4月20日四川雅安芦山地震7.0级。

芦山县人民医院主楼是澳门援建的隔震结构，在地震中完好无损，连玻璃都没碎一块，正常发挥应急救灾医疗救助等建筑功能。

主楼旁侧的抗震结构从外表看未见大的损害，但室内被震坏震乱，已经不具有正常的建筑使用功能。

附录4 有关促进减隔震设计的政府文件

从目前掌握的资料了解到：明确发文强制要求在高烈度区类如学校及医院等重要建筑使用减隔震技术的省份有云南、新疆、山西、山东、甘肃，推荐使用减隔震技术的有住房和城乡建设部以及四川、河北、海南等省份。西安国际港务区也强制要求推行隔震技术。以下列出几个省份的相关文件，供参考。

1. 云南省规定

云南省隔震减震建筑工程促进规定

第一条 为促进隔震减震建筑工程的发展，提高建筑工程的抗震设防能力，保护人民生命和财产安全，根据《中华人民共和国建筑法》《中华人民共和国防震减灾法》《云南省建设工程抗震设防管理条例》等有关法律法规，结合本省实际，制定本规定。

第二条 本省行政区域内建筑工程隔震减震技术的推广应用及隔震减震建筑工程的监督管理等活动，适用本规定。

第三条 下列新建建筑工程应当采用隔震减震技术：

（一）抗震设防烈度7度以上区域内三层以上，且单体建筑面积1000平方米以上的学校、幼儿园校舍和医院医疗用房建筑工程；

（二）前项规定以外，抗震设防烈度8度以上区域内单体建筑面积1000平方米以上的重点设防类、特殊设防类建筑工程；

（三）地震灾区恢复重建三层以上，且单体建筑面积1000平方米以上的公共建筑工程。

鼓励前款规定范围以外的其他建筑工程采用隔震减震技术。

第四条 县级以上人民政府应当加强对隔震减震建筑工程促进工作的领导，宣传普及和推广应用隔震减震技术，并提供必要的经费保障。

第五条 县级以上人民政府住房城乡建设行政主管部门具体负责建筑工程隔震减震技术的推广应用及隔震减震建筑工程的监督管理。

县级以上人民政府发展改革、工业和信息化、科技、财政等部门应当对隔震减震技术研发及应用等予以支持。

县级以上人民政府卫生计生、教育、工商、税务、质监、地震等部门按照各自职责做好隔震减震建筑工程促进的有关工作。

第六条 隔震减震装置生产企业应当具备相应的隔震减震装置生产条件、检验设备和专业技术人员，并具备提供安装、更换指导等售后服务的能力。

隔震减震装置生产企业应当按照国家有关规定对生产的隔震减震装置进行型式检验和出厂检验，在设计使用年限内实行质量保修制度。

第七条 隔震减震装置生产企业应当建立隔震减震装置生产、检验、应用状况等信息管理系统，并及时向省人民政府住房城乡建设行政主管部门报送有关信息。

隔震减震装置生产、检验、应用状况等信息保存期限不得少于建筑工程设计使用年限。

第八条 对应当采用隔震减震技术的建筑工程，建设单位在进行设计发包时，应当在委托合同中明确要求采用隔震减震设计，并在初步设计完成后报住房城乡建设行政主管部门进行建筑工程抗震设防专项审查。

应用于建筑工程的隔震减震装置，应当经有资质的第三方检测机构检测合格。

第九条　设计单位进行隔震减震建筑工程设计时，应当执行国家和本省有关技术标准和规范，并在设计文件中对隔震减震装置性能参数、检验检测、施工安装、工程维护等提出技术要求。

第十条　施工图审查机构在进行施工图设计文件审查时，对应当采用而不采用隔震减震技术或者不符合隔震减震技术设计规范的设计文件不予审查通过。

第十一条　从事隔震减震装置检验的检测机构应当具备相应条件并依法取得建设工程质量检测机构资质。

隔震减震装置检测机构应当按照国家和本省有关技术标准、规范进行检测，并对检测数据和结果的真实性和准确性负责，不得出具虚假的检测报告。对检测不合格的隔震减震装置，检测机构应当进行标注，并在5个工作日内将有关信息报省人民政府住房城乡建设行政主管部门。

第十二条　施工单位在隔震减震建筑工程开工前，应当编制隔震减震专项工程施工方案，由建设单位会同监理单位组织论证通过后，方可进行隔震减震专项工程施工。

隔震减震专项工程施工的每道工序完成后，施工单位应当按照隐蔽工程要求组织检查验收并形成记录。

第十三条　监理单位应当对隔震减震专项工程施工过程实施旁站监理，严格执行质量检查验收程序，保证施工符合国家和本省有关技术标准、规范和设计文件要求。

第十四条　建设工程质量监督机构应当按照国家和本省有关技术标准、规范，对应用隔震减震技术的建筑工程质量进行监督，督促隔震减震专项工程验收，并形成专项工程质量监督报告。

第十五条　隔震减震专项工程施工应当作为建筑工程结构分部工程的子分部工程单独验收。

隔震减震建筑工程项目竣工后，建设单位应当向使用单位提交有关隔震减震专项工程资料和使用说明，并在工程显著位置设置永久性标识标牌，标明该工程抗震设防烈度、隔震减震装置类别、隔震减震构造及其使用维护等信息。

鼓励建设单位设置地震监测装置。

第十六条　建筑产权人、使用权人或者受委托的物业服务企业应当对建筑工程隔震减震装置及构造进行日常维护和定期检查，发现异常情况时，应当联系隔震减震装置生产企业或者施工单位进行处置，并将处置情况告知工程所在地住房城乡建设行政主管部门。

任何单位和个人不得损坏隔震减震装置及其构造或者影响隔震减震装置正常使用。

第十七条　县级以上人民政府住房城乡建设行政主管部门应当履行下列监督管理职责：

（一）组织开展隔震减震技术的示范工程和相关配套能力建设等工作；

（二）对隔震减震装置检测、使用、日常维护保养及推广应用等活动实施监督管理；

（三）开展隔震减震建筑工程基本信息的调查、统计和分析工作；

（四）指导开展设计、施工、监理、工程质量监督等相关人员的培训；

（五）提供隔震减震技术推广应用的技术支持和服务。

省人民政府住房城乡建设行政主管部门应当制定和完善隔震减震建筑工程有关技术标准，建立健全隔震减震装置生产企业和检测机构信用评价制度，公布隔震减震装置生产企业及其生产的隔震减震装置动态目录。

第十八条　违反本规定，建设单位、施工单位、检测机构有下列情形之一的，由县级以上人民政府住房城乡建设行政主管部门责令限期改正，处 5 万元以上 15 万元以下罚款：

（一）将未经型式检验、出厂检验和第三方检测的隔震减震装置应用于建筑工程项目的；

（二）将检验、检测不合格的隔震减震装置应用于建筑工程项目的；

（三）伪造隔震减震装置检测报告的；

（四）未按照国家和本省有关技术标准规范进行检测或者出具虚假检测报告的。

第十九条　违反本规定，损坏隔震减震装置及其构造或者影响隔震减震装置正常使用的，由县级以上人民政府住房城乡建设行政主管部门责令限期改正；拒不改正的，处 2 万元以上 6 万元以下罚款；造成损失的，依法承担赔偿责任。

第二十条　违反本规定的其他行为，依照《中华人民共和国产品质量法》《中华人民共和国建筑法》《建设工程质量管理条例》等有关法律法规予以处罚。

第二十一条　本规定下列用语的含义：

（一）隔震减震建筑工程是指应用隔震技术或者消能减震技术作为重要抗震措施的建筑工程；

（二）隔震减震装置是指隔震减震建筑工程中用于减少或者消耗地震能量的装置，包括各类隔震支座、消能器等；

（三）隔震减震构造是指按照隔震减震建筑工程的设计原则，对结构和非结构部分所采取的各种细部构造措施，包括隔震建筑的水平隔离缝、竖向隔离缝和穿过隔震层的配管、配线、通道以及减震建筑中阻尼器周边间隙等。

第二十二条　本规定自 2016 年 12 月 1 日起施行。

2. 新疆维吾尔自治区规定

关于加快推进自治区减隔震技术应用的通知

伊犁哈萨克自治州住房和城乡建设局，各地、州、市住房和城乡建设局（建委）：

为深入贯彻落实《住房和城乡建设部关于房屋建筑工程推广应用减隔震技术的若干意见（暂行）》（建质〔2014〕25 号），加快推进我区减隔震技术发展应用，提升建筑工程抗震设防能力，保障工程质量安全，现将有关事项通知如下：

一、认真做好推广应用工作

各地要充分认识到加快推进减隔震技术发展应用，对于提升工程抗震防灾整体水平、保障各族群众生命财产安全的重要意义，高度重视减隔震技术发展研究和实践应用，特别是抗震设防烈度高和地震重点监视防御地区要积极创造条件，选择成熟项目开展试点示范，以点带面推动应用；要结合本地实际制定相应政策措施，完善监管机制，加强宣传指导，抓好工作落实，确保减隔震技术发展应用取得明显成效，努力提高建筑工程抗震水平，推动建筑业技术进步。

二、稳步推进减隔震技术应用

（一）自 2015 年起，凡位于抗震设防烈度 8 度（含 8 度）以上地震高烈度区、地震重点监视防御区域或地震灾后重建阶段的新建3层（含3层）以上学校、幼儿园、医院等人员密集公共建筑，应当优先采用减隔震技术进行设计。

（二）自2016年起，全疆范围内抗震设防烈度8度（含8度）以上的地区，凡具备条件的房屋建筑工程和城镇市政公用设施等生命线工程均应采用减隔震技术。

（三）鼓励重点设防类、特殊设防类建筑和位于抗震设防烈度8度（含8度）以上地震高烈度区的其他建筑采用减隔震技术。对抗震安全性或使用功能有较高需求的标准设防类建筑提倡采用减隔震技术。

三、加强减隔震技术应用管理

（一）规范工程设计管理，承担减隔震工程设计任务的单位，应具备甲级建筑工程设计资质。设计单位要择优选取设计方案，编制减隔震设计专篇，确保结构体系合理，并对减隔震装置的技术性能、施工安装和使用维护提出明确要求。承担减隔震工程施工图设计文件审查的机构，应为具备超限高层建筑工程审查能力的一类建筑工程审查机构。施工图设计文件审查应对结构体系、减隔震设计专篇、计算书和减隔震产品技术参数进行重点审查；对于超限高层建筑工程采用减隔震技术的，应将抗震设防专项审查意见实施情况作为重要审查内容。从事减隔震工程设计的技术人员，应严格执行国家有关工程建设强制性标准，其中项目结构专业设计负责人应具备一级注册结构工程师执业资格。

（二）实施全方位监管，各地住房城乡建设主管部门要充分发挥职能作用，加强对减隔震工程勘察、设计、施工、监理和施工图审查机构等单位的管理与监督，切实做好减隔震技术推广应用政策宣传和指导服务工作，组织开展减隔震技术应用标准培训，对于应用减隔震技术的建设工程项目，应加快办理工程招投标、施工图审查、施工许可等手续。

四、确保减隔震工程质量安全

（一）加强施工工序管理，建设单位应组织专家对施工单位编制的减隔震装置及其构造措施专项施工方案进行论证，通过后方可安装施工。安装完毕后，建设单位应组织生产厂家、设计单位、施工单位、监理单位进行验收，验收合格后方可进入下一道施工工序。工程竣工后，建设单位应组织施工单位、设计单位、减隔震装置生产厂家，编制减隔震工程使用说明书，并与竣工图同时报有关部门备案。

（二）施工单位应严格执行国家有关工程建设强制性标准，强化施工质量过程控制。对于减隔震装置及其构造措施的安装施工，要结合工程实际编制专项施工方案，落实设计图纸会审中的交底措施。工程竣工后，应配合编制减隔震工程使用说明书。

（三）减隔震装置生产厂家对其产品质量负责。生产厂家提供的减隔震产品，必须通过型式检验，出厂时应明确标注有效使用年限。生产厂家应认真做好施工配合，参加减隔震装置安装的验收，履行合同服务承诺，配合编制减隔震工程使用说明书。

（四）减隔震产品应由施工、监理单位见证取样，经第三方检测机构检测合格后方可使用或安装，同一批次抽检数量不少于20％，且不少于5个。监理单位在减隔震装置安装阶段应严格落实旁站监理。

五、规范减隔震工程使用管理

（一）建设单位应向使用单位提供减隔震工程使用说明书。建设单位应标识消能减震部件以及预留隔震沟（缝）和柔性连接等构造措施的部位，并在工程显著部位镶刻铭牌，标明工程抗震设防烈度和减隔震类别等重要信息。

（二）减隔震工程业主单位（物业管理单位）应确保减隔震工程正常使用、运行安全，不得随意改变、损坏、拆除减隔震装置或填埋、破坏隔震构造措施。应按使用说明书要求，定期检查所有减隔震装置及相关构造措施。配备监测仪器的，应定期收集监测数据。地震、火灾、水淹、风灾等灾害发生后，应对减隔震装置进行仔细检查，发现变形、损坏等异常情况时，应及时联系有关单位进行修复或更换。

（三）减隔震装置在质保期内出现产品质量问题的，生产厂家应及时予以免费维修或更换，并按合同约定承担相应的赔偿责任。减隔震工程需要进行维修、改造的，原工程勘察设计、施工单位有义务提供有偿的勘察、设计、咨询、施工服务。因工程质量问题需进行维修的，由相关质量问题责任主体承担全部工程费用。

自治区住房和城乡建设厅
2014 年 7 月 29 日

3. 海南省规定

海南省住房和城乡建设厅转发《住房和城乡建设部关于房屋建筑工程推广应用减隔震技术的若干意见（暂行）》的通知

各市、县、自治县住房和城乡建设行政主管部门，各图审机构、勘察设计单位，省勘察设计协会：

现将《住房和城乡建设部关于房屋建筑工程推广应用减隔震技术的若干意见（暂行）》（建质【2014】25 号）转发给你们，同时提出以下意见，请一并贯彻落实。

一、各市县建设行政主管部门要充分认识到减隔震技术应用对提高我省抵御自然灾害能力、提升国际旅游岛人居环境质量安全水平的重要意义，把减隔震技术推广应用列为防灾减灾的重要工作和考核内容。同时，要根据不同烈度地区的实际情况，特别是对于学校、幼儿园、医院、人员密集的公共建筑等重点设防类和特殊设防类的房屋建筑，制定具体的政策措施，对应用减隔震技术的建设项目在建设审批的各个环节中给予鼓励和支持。

二、各勘察设计单位在承接 8 度区内新建 3 层（含 3 层）以上的学校、幼儿园、医院等人员密集公共建筑设计项目时，应严格按通知要求优先采用减隔震技术进行设计。由于特殊原因不能采用减隔震技术进行设计的，要充分论证并说明理由，在施工图审查时出具详细的说明材料。

三、各施工图审查机构要严格把关，对于没有优先采用减隔震技术进行设计的项目，理由不成立或依据不充分的，不得受理项目的施工图审查。我厅将定期对学校、幼儿园、医院等人员密集公共建筑设计项目进行检查。

四、为提高我省减隔震技术的应用水平、设计质量和合理控制工程造价，建设单位或设计单位可在施工图初步设计完成后，向省勘察设计协会提出申请，组织专家论证交流会。

海南省住房和城乡建设厅
2014 年 5 月 19 日

4. 山西省规定

山西省住房和城乡建设厅关于积极推进建筑工程减隔震技术应用的通知（第 115 号）

各市住房城乡建设局（建委）、规划局：

为深入贯彻落实《住房城乡建设部关于房屋建筑工程推广应用减隔震技术的若干意见》（建质〔2014〕25 号）的有关要求，推进我省房屋建筑工程减隔震技术的应用，确保我省减隔震工程的质量，结合我省实际，现将有关事项通知如下：

一、认清形势，高度重视

减隔震技术是通过增设消能部件或隔震装置，以提高建筑工程抗震性能的抗震技术。国内外的大量实践证明，减隔震技术能有效减轻地震作用，大幅度提升房屋建筑抗震设防能力，避免人员伤亡、减轻财产损失的社会效益十分明显。同时，在地震高烈度区采用减隔震技术还可产生一定的经济效益，应用价值大。

我省是我国地震灾害频度高、强度大、范围广、灾害重的省份之一。全省 77% 的国土面积属地震高烈度区，70% 的产值与人口来自于强震活动区，100% 的建筑需要抗震设防。全国 11 个地震重点危险区和 5 个地震值得注意地区中，我省的中北部晋冀蒙交界地区（包括大同、朔州、忻州）为重点危险区，临汾至晋陕交界地区为值得注意地区，我省城乡建设抗震设防工作形势十分严峻。近二十年来，减隔震技术在我省部分地区已得到一些应用，取得了一定成效，但与我省快速推进的城镇化建设工程抗震要求及全省人民的安居期盼相比，还存在许多差距和不足，需各级住房城乡建设主管部门高度重视，深刻理解，认真贯彻落实住建部文件要求，全力推进我省减隔震技术的应用，不断提高我省房屋建筑工程的抗震设防水平。

二、明确目标，逐步推进

（一）抗震设防烈度 8 度区、地震重点危险区学校和幼儿园的新建教学用房、学生宿舍、食堂以及医院的新建医疗建筑，必须采用减隔震技术。

（二）重点设防类、特殊设防类建筑，优先采用减隔震技术。

（三）标准设防类建筑，提倡采用减隔震技术。

三、认真实施，落实到位

全省建筑工程推进减隔震技术应用，要抓住以下重点：

（一）政策扶持。各级住房城乡建设主管部门对涉及减隔震技术的建设项目，在招投标、施工图审查、施工许可等环节予以优先办理；对列入参加评优评奖的试点、示范工程、在同等条件下应予以优先考虑。各市住房城乡建设主管部门特别是震情形势较为严峻的市县要积极开展房屋建筑减隔震工程试点示范工作，组织多种形式的减隔震技术宣传活动，开展面向建设、设计、施工等单位的技术培训，将减隔震技术作为注册工程师、注册建造师、注册监理师继续教育的重要内容，不断提高我省减隔震技术专业队伍水平。

（二）设计管理。承担减隔震工程的设计单位，应具有甲级建筑工程设计资质；从事减隔震工程设计的技术人员，应积极参加相关技术培训活动；项目结构专业设计负责人应具备一级注册结构工程师执业资格。设计单位应严格按照国家的标准、规范和我省的相关规定，加强与有关高校研究单位合作，严格把关，确保减隔震工程结构体系及减隔震设计专篇的质量。

（三）施工图审查。承担减隔震工程施工图设计文件的审查机构，应为一类建筑工程审查机构。承担采用减隔震技术的超限高层建筑工程施工图设计文件的审查机构，应为具备超限高层建筑工程审查能力的审查机构。施工图设计文件审查，应严格按照国家和我省有关标准、规范和程序要求，审查减隔震设计的安全可靠性、措施落实的准确全面性，保证审查质量。

（四）施工、监理、验收管理。施工单位应编制减隔震装置及其构造措施专项施工方案，会同监理单位对减隔震产品见证取样，并经第三方检测机构检测合格后方可安装施工。施工单位应严格执行国家有关工程建设强制性标准，确保减隔震施工质量。施工安装完成后，建设单位应组织设计单位、施工单位、生产厂家、监理单位进行验收。

（五）减隔震生产企业、产品及检测管理。减隔震产品质量必须符合设计文件及国家有关规定。减隔震生产企业对其产品质量负责。在工程实施过程中配合做好技术交底、检查验收、有关质量问题的处理等工作。

（六）使用和维护管理。减隔震工程业主单位（物业管理单位）应对隔震装置进行维护，确保减隔震工程的正常使用，不得随意改变、损坏、拆除减隔震装置或填埋、破坏减隔震构造措施。

四、加强督查，确保质量

各市住房城乡建设主管部门应建立辖区内减隔震工程监督制度和台账，掌控减隔震装置生产、检验的合法性及工程实施的质量状况；组织、指导减隔震工程所在县（市、区）主管部门对减隔震的施工安装、检查验收等实施重点监督检查，不定期对减隔震工程的使用、维护情况进行检查指导。12月20日前将当年度减隔震工程实施完成情况，上报省住房城乡建设厅工程质量安全监管处。

省住房城乡建设厅将组建我省减隔震技术专家库，编写相关技术标准和技术指南，对各市推进贯彻执行情况进行监督检查和指导。依法对减隔震工程质量责任主体的违法违规行为进行查处，对生产不合格减隔震产品的厂家进行公示，并记入黑名单，对表现突出的个人和单位予以表彰。在贯彻落实中的问题和建议，可及时向省住房城乡建设厅报告。

5. 甘肃省规定

甘肃省住房和城乡建设厅关于转发《住房城乡建设部关于房屋建筑工程推广应用减隔震技术的若干意见（暂行）》及进一步做好我省减震隔震技术推广应用工作的通知

甘建设〔2014〕260号

各市州建设局，兰州新区城乡建设局，各施工图审查机构，各有关建设、设计、施工单位：

为了有序推进房屋建筑工程应用减隔震技术，有效减轻地震作用，提高房屋建筑工程抗震设防水平和抵御地震破坏能力，保障人民生命财产安全。住房和城乡建设部于2014年2月印发了《住房城乡建设部关于房屋建筑工程推广应用减隔震技术的若干意见（暂行）》（建质〔2014〕25号），《意见》从加强宣传指导、加强设计管理、加强施工管理、完善使用管理等四个方面，对房屋建筑工程做好减隔震技术的推广应用等提出了20条工作要求。为进一步做好我省减震隔震技术推广应用工作，现将《住房城乡建设部关于房屋建筑工程推广应用减隔震技术的若干意见（暂行）》转发给你们，并结合我省推广应用的实际和兄弟省市政策经验提出以下工作意见，请一并贯彻执行。

一、加强宣传、提高认识，切实做好减隔震技术的推广应用工作

我省是国内较早开展减隔震技术研究和工程推广应用的省市之一，陇南已建成的隔震建筑在"5.12"特大地震中，表现出了良好的隔震性能，在全国具有重要影响。国内外工

程实践证明，减隔震技术能有效减轻地震作用，提升房屋建筑工程抗震能力。因此，推进减隔震技术的发展与应用，能有效提升我省防灾减灾工作科技含量，切实提高建筑工程抗震设防能力，最大限度地减轻地震灾害损失，有效保障人民群众生命财产安全，变被动救灾为主动防灾。但是，目前我省对减隔震技术推广应用仍存在认识不足、重视不够的问题，技术推广相对滞后，工程应用较少。各地、各单位应加强对减隔震技术的宣传，提高对减隔震技术应用的认识，要高度重视减隔震技术对提升工程抗震水平、推动建筑业技术进步的重要意义，高度重视减隔震技术研究和实践成果，有计划、有部署、积极稳妥推广应用。

为加大我省减隔震技术的推广应用力度，根据住房和城乡建设部的文件要求，结合省政府办公厅《关于进一步加强全省建设工程抗震设防工作的通知》（甘政办发〔2013〕121号）的精神和借鉴学习兄弟省市的经验做法，经我厅研究决定，各地在执行部省已发文件要求优先采用减隔震技术的同时，为增强建质〔2014〕25号文件的可操作性，对我省位于抗震设防烈度8度及以上的地震高烈度地区及地震灾后重建的4至12层学校教学楼、学生宿舍、医院医疗用房、幼儿园等人员密集公共建筑，要求必须采用基础隔震技术进行设计，以提高此类建筑的抗大震能力，减少人员损失和提高抗震应急水平。本文下发之日起，项目主管部门、建设单位、设计单位应明确按采用隔震技术要求委托和进行设计。自2014年9月1日起，各施工图审查机构对此类项目必须按隔震技术要求进行施工图审查。同时，根据住房和城乡建设部的文件精神，我省自2015年起，采用减隔震技术的工程项目在评优时，在同等条件下将优先考虑，自2016年起，要求必须采用基础隔震技术的公共建筑，未进行隔震设计的，不能申报省优秀设计奖的评选。自2015年起，我厅将结合隔震设计推广情况，对成绩突出的设计单位给予一定的奖励。

二、加强设计管理，规范技术服务，切实做好减隔震技术应用的技术支撑工作

承担减隔震工程设计任务的单位，原则上应有相应工程设计经验并具备建筑工程甲级设计资质。为推动隔震技术应用，根据实际工作需要，对我省省内信誉良好、技术管理能力较强的建筑工程乙级设计单位，通过省建设厅对其隔震设计业绩和能力的考核认定，也允许承担设计资质范围内的隔震工程设计。对一些复杂或重大的项目，设计单位在隔震设计过程中确需对重要参数等进行专项技术咨询的，可委托具有隔震技术支撑能力的机构承担，所需费用可以通过增大工程复杂程度调整系数或增加附加调整系数调整设计费解决，并由设计单位向技术咨询机构支付。

采用减隔震设计的项目，应编制减隔震设计专篇，并按住房和城乡建设部的要求明确专项设计内容，减隔震设计应按国家相关技术标准确定减隔震装置通用技术参数。今后，我省从事减隔震设计人员，要参加相关技术的培训，项目结构负责人应具备一级注册结构工程师执业资格。承担减隔震工程设计单位应做好设计交底、技术指导和现场服务工作。按照住房和城乡建设部对减隔震设计项目的施工图审查要求，我省采用隔震设计的建筑项目，施工图审查应由省内建筑甲级施工图审查机构承担；采用减隔震技术的建筑项目，施工图审查由具备超限高层建筑工程审查能力的甘肃建设工程设计咨询有限公司承担。为配合做好我省减隔震技术推广应用技术支撑工作，我厅委托省内减隔震技术支撑单位兰州理工大学编制《甘肃省隔震减震工程应用技术导则》，可供相关人员参考使用。相关部门在组织技术人员继续教育时，可将隔震减震技术作为重要内容进行培训。

三、加强施工和使用维护管理，保证减隔震工程质量和运行安全

从事减隔震项目施工的项目经理及施工技术人员应进行相关技术培训。减隔震工程施工时，施工单位应编制减隔震专项施工方案，建设单位应组织相关专家对施工单位编制的减隔震专项施工方案进行论证，方案论证通过后方可进行减隔震项目施工。隔震设施安装完成后，建设单位应组织生产厂家、设计、施工、监理、技术咨询等单位进行验收，验收合格后方可进行下一道工序施工。各级工程质量监督机构要加大对减隔震工程的巡查力度，保障工程达到设计要求。工程竣工后，建设单位应组织编制减隔震工程使用说明书，交付使用单位使用，并作为竣工备案资料之一报当地建设行政主管部门备案。

建设单位应对减隔震部件和布置关键构造措施的部位进行标识，并在工程显著部位镶刻铭牌，标明工程抗震烈度和减震类别等重要信息，可与甘建设〔2013〕664号文件要求建筑物设置的抗震设防标牌合并设立。减隔震工程业主或使用单位及物业管理单位应协商确定使用维护责任单位，并在建筑物的显著部位进行公布，各单位不得随意改变、损坏、拆除减隔震装置或填埋、破坏隔震构造措施。维护责任单位应按说明书要求，定期检查所有减隔震装置及相关构造措施，有监测仪器的，应定期收集监测数据或配合做好数据收集、设计及技术支撑部门调研等工作，确保减隔震设施处于正常工作状态和工程运行安全。

为做好我省减隔震技术的推广应用工作，各市州工作中遇到的问题，可与省抗震办公室（厅勘察设计处）联系咨询。

附录 5　现行《建筑抗震设计规范》
第 12 章对隔震设计的相关规定

12.1　一般规定

12.1.1　本章适用于设置隔震层以隔离水平地震动的房屋隔震设计，以及设置消能部件吸收与消耗地震能量的房屋消能减震设计。采用隔震和消能减震设计的建筑结构，应符合本规范第 3.8.1 条的规定，其抗震设防目标应符合本规范第 3.8.2 条的规定。

　　注：1. 本章隔震设计指在房屋基础、底部或下部结构与上部结构之间设置由橡胶隔震支座和阻尼装置等部件组成具有整体复位功能的隔震层，以延长整个结构体系的自振周期，减少输入上部结构的水平地震作用，达到预期防震要求。

　　2. 消能减震设计指在房屋结构中设置消能器，通过消能器的相对变形和相对速度提供附加阻尼，以消耗输入结构的地震能量，达到预期防震减震要求。

12.1.2　建筑结构隔震设计和消能减震设计确定设计方案时，除应符合本规范第 3.5.1 条的规定外，尚应与采用抗震设计的方案进行对比分析。

12.1.3　建筑结构采用隔震设计时应符合下列各项要求：

　　1. 结构高宽比宜小于 4，且不应大于相关规范规程对非隔震结构的具体规定，其变形特征接近剪切变形，最大高度应满足本规范非隔震结构的要求；高宽比大于 4 或非隔震结构相关规定的结构采用隔震设计时，应进行专门研究。

　　2. 建筑场地宜为Ⅰ、Ⅱ、Ⅲ类，并应选用稳定性较好的基础类型。

　　3. 风荷载和其他非地震作用的水平荷载标准值产生的总水平力不宜超过结构总重力的 10%。

　　4. 隔震层应提供必要的竖向承载力、侧向刚度和阻尼；穿过隔震层的设备配管、配线，应采用柔性连接或其他有效措施以适应隔震层的罕遇地震水平位移。

12.1.4　消能减震设计可用于钢、钢筋混凝土、钢-混凝土混合等结构类型的房屋。

消能部件应对结构提供足够的附加阻尼，尚应根据其结构类型分别符合本规范相应章节的设计要求。

12.1.5　隔震和消能减震设计时，隔震装置和消能部件应符合下列要求：

1. 隔震装置和消能部件的性能参数应经试验确定。

2. 隔震装置和消能部件的设置部位，应采取便于检查和替换的措施。

3. 设计文件上应注明对隔震装置和消能部件的性能要求，安装前应按规定进行抽样检测，确保性能符合要求。

12.1.6　建筑结构的隔震设计和消能减震设计，尚应符合相关专门标准的规定；也可按抗震性能目标的要求进行性能化设计。

12.2　房屋隔震设计要点

12.2.1　隔震设计应根据预期的竖向承载力、水平向减震系数和位移控制要求，选择适当的隔震装置及抗风装置组成结构的隔震层。

隔震支座应进行竖向承载力的验算和罕遇地震下水平位移的验算。

隔震层以上结构的水平地震作用应根据水平向减震系数确定；其竖向地震作用标准

值，**8度（0.20g）、8度（0.30g）和9度时分别不应小于隔震层以上结构总重力荷载代表值的20%、30%和40%。**

12.2.2 建筑结构隔震设计的计算分析，应符合下列规定：

1. 隔震体系的计算简图，应增加由隔震支座及其顶部梁板组成的质点；对变形特征为剪切型的结构可采用剪切模型（图12.2.2）；当隔震层以上结构的质心与隔震层刚度中心不重合时，应计入扭转效应的影响。隔震层顶部的梁板结构，应作为其上部结构的一部分进行计算和设计。

2. 一般情况下，宜采用时程分析法进行计算；输入地震波的反应谱特性和数量，应符合本规范第5.1.2条的规定，计算结果宜取其包络值；当处于发震断层10km以内时，输入地震波应考虑近场影响系数，5km以内宜取1.5，5km以外可取不小于1.25。

3. 砌体结构及基本周期与其相当的结构可按本规范附录L简化计算。

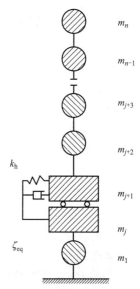

图 12.2.2 隔震结构计算简图

12.2.3 隔震层的橡胶隔震支座应符合下列要求：

1. 隔震支座在表12.2.3所列的压应力下的极限水平变位，应大于其有效直径的0.55倍和支座内部橡胶总厚度3倍二者的较大值。

2. 在经历相应设计基准期的耐久试验后，隔震支座刚度、阻尼特性变化不超过初期值的±20%；徐变量不超过支座内部橡胶总厚度的5%。

3. 橡胶隔震支座在重力荷载代表值的竖向压应力不应超过表12.2.3的规定。

橡胶隔震支座压应力限值　　　　　　　　　　　　表 12.2.3

建筑类别	甲类建筑	乙类建筑	丙类建筑
压应力限值（MPa）	10	12	15

注：1. 压应力设计值应按永久荷载和可变荷载的组合计算；其中，楼面活荷载应按现行国家标准《建筑结构荷载规范》GB 50009 的规定乘以折减系数；

　　2. 结构倾覆验算时应包括水平地震作用效应组合；对需进行竖向地震作用计算的结构，尚应包括竖向地震作用效应组合；

　　3. 当橡胶支座的第二形状系数（有效直径与橡胶层总厚度之比）小于5.0时应降低压应力限值；小于5不小于4时降低20%，小于4不小于3时降低40%；

　　4. 外径小于300mm的橡胶支座，丙类建筑的压应力限值为10MPa。

12.2.4 隔震层的布置、竖向承载力、侧向刚度和阻尼应符合下列规定：

1. 隔震层宜设置在结构的底部或下部，其橡胶隔震支座应设置在受力较大的位置，间距不宜过大，其规格、数量和分布应根据竖向承载力、侧向刚度和阻尼的要求通过计算确定。隔震层在罕遇地震下应保持稳定，不宜出现不可恢复的变形；其橡胶支座在罕遇地震的水平和竖向地震同时作用下，拉应力不应大于1MPa。

2. 隔震层的水平等效刚度和等效黏滞阻尼比可按下列公式计算：

$$K_h = \sum K_j \qquad (12.2.4\text{-}1)$$

$$\zeta_{eq} = \sum K_j \zeta_j / K_h \tag{12.2.4-2}$$

式中 ζ_{eq}——隔震层等效黏滞阻尼比;

K_h——隔震层水平等效刚度;

ζ_j——j 隔震支座由试验确定的等效黏滞阻尼比,设置阻尼装置时,应包相应阻尼比;

K_j——j 隔震支座(含消能器)由试验确定的水平等效刚度。

3. 隔震支座由试验确定设计参数时,竖向荷载应保持本规范表 12.2.3 的压应力限值;对水平向减震系数计算,应取剪切变形 100% 的等效刚度和等效黏滞阻尼比;对罕遇地震验算,宜采用剪切变形 250% 时的等效刚度和等效黏滞阻尼比,当隔震支座直径较大时可采用剪切变形 100% 时的等效刚度和等效黏滞阻尼比。当采用时程分析时,应以实验所得滞回曲线作为计算依据。

12.2.5 隔震层以上结构的地震作用计算,应符合下列规定:

1. 对多层结构,水平地震作用沿高度可按重力荷载代表值分布。

2. 隔震后水平地震作用计算的水平地震影响系数可按本规范第 5.1.4、5.1.5 条确定。其中,水平地震影响系数最大值可按下式计算:

$$\alpha_{max1} = \beta \alpha_{max} / \psi \tag{12.2.5}$$

式中 α_{max1}——隔震后的水平地震影响系数最大值;

α_{max}——非隔震的水平地震影响系数最大值,按本规范第 5.1.4 条采用;

β——水平向减震系数;对于多层建筑,为按弹性计算所得的隔震与非隔震各层层间剪力的最大比值。对高层建筑结构,尚应计算隔震与非隔震各层倾覆力矩的最大比值,并与层间剪力的最大比值相比较,取二者的较大值;

ψ——调整系数;一般橡胶支座,取 0.80;支座剪切性能偏差为 S-A 类,取 0.85;隔震装置带有阻尼器时,相应减少 0.05。

注:1. 弹性计算时,简化计算和反应谱分析时宜按隔震支座水平剪切应变为 100% 时的性能参数进行计算;当采用时程分析法时按设计基本地震加速度输入进行计算;

2. 支座剪切性能偏差按现行国家产品标准《建筑隔震橡胶支座》GB 20688.3 确定。

3. 隔震层以上结构的总水平地震作用不得低于非隔震结构在 6 度设防时的总水平地震作用,并应进行抗震验算;各楼层的水平地震剪力尚应符合本规范第 5.2.5 条对本地区设防烈度的最小地震剪力系数的规定。

4.9 度时和 8 度且水平向减震系数不大于 0.3 时,隔震层以上的结构应进行竖向地震作用的计算。隔震层以上结构竖向地震作用标准值计算时,各楼层可视为质点,并按本规范公式(5.3.1-2)计算竖向地震作用标准值沿高度的分布。

12.2.6 隔震支座的水平剪力应根据隔震层在罕遇地震下的水平剪力按各隔震支座的水平等效刚度分配;当按扭转耦联计算时,尚应计及隔震层的扭转刚度。隔震支座对应于罕遇地震水平剪力的水平位移,应符合下列要求:

$$u_i \leqslant [u_i] \tag{12.2.6-1}$$

$$u_i = \eta_i u_c \tag{12.2.6-2}$$

式中 u_i——罕遇地震作用下,第 i 个隔震支座考虑扭转的水平位移;

$[u_i]$——第 i 个隔震支座的水平位移限值;对橡胶隔震支座,不应超过该支座有效直径的 0.55 倍和支座内部橡胶总厚度 3.0 倍二者的较小值；

u_c——罕遇地震下隔震层质心处或不考虑扭转的水平位移；

η_i——第 i 个隔震支座的扭转影响系数，应取考虑扭转和不考虑扭转时 i 支座计算位移的比值；当隔震层以上结构的质心与隔震层刚度中心在两个主轴方向均无偏心时，边支座的扭转影响系数不应小于 1.15。

12.2.7 隔震结构的隔震措施，应符合下列规定：

1. 隔震结构应采取不阻碍隔震层在罕遇地震下发生大变形的下列措施：

1）上部结构的周边应设置竖向隔离缝，缝宽不宜小于各隔震支座在罕遇地震下的最大水平位移值的 1.2 倍且不小于 200mm。对两相邻隔震结构，其缝宽取最大水平位移值之和，且不小于 400mm。

2）上部结构与下部结构之间，应设置完全贯通的水平隔离缝，缝高可取 20mm，并用柔性材料填充；当设置水平隔离缝确有困难时，应设置可靠的水平滑移垫层。

3）穿越隔震层的门廊、楼梯、电梯、车道等部位，应防止可能的碰撞。

2. 隔震层以上结构的抗震措施，当水平向减震系数大于 0.40 时（设置阻尼器时为 0.38）不应降低非隔震时的有关要求；水平向减震系数不大于 0.40 时（设置阻尼器时为 0.38），可适当降低本规范有关章节对非隔震建筑的要求，但烈度降低不得超过 1 度，与抵抗竖向地震作用有关的抗震构造措施不应降低。此时，对砌体结构，可按本规范附录 L 采取抗震构造措施。

注：与抵抗竖向地震作用有关的抗震措施，对钢筋混凝土结构，指墙、柱的轴压比规定；对砌体结构，指外墙尽端墙体的最小尺寸和圈梁的有关规定。

12.2.8 隔震层与上部结构的连接，应符合下列规定：

1. 隔震层顶部应设置梁板式楼盖，且应符合下列要求：

1）隔震支座的相关部位应采用现浇混凝土梁板结构，现浇板厚度不应小于 160mm；

2）隔震层顶部梁、板的刚度和承载力，宜大于一般楼盖梁板的刚度和承载力；

3）隔震支座附近的梁、柱应计算冲切和局部承压，加密箍筋并根据需要配置网状钢筋。

2. 隔震支座和阻尼装置的连接构造，应符合下列要求：

1）隔震支座和阻尼装置应安装在便于维护人员接近的部位；

2）隔震支座与上部结构、下部结构之间的连接件，应能传递罕遇地震下支座的最大水平剪力和弯矩；

3）外露的预埋件应有可靠的防锈措施。预埋件的锚固钢筋应与钢板牢固连接，锚固钢筋的锚固长度宜大于 20 倍锚固钢筋直径，且不应小于 250mm。

12.2.9 隔震层以下的结构和基础应符合下列要求：

1. 隔震层支墩、支柱及相连构件，应采用隔震结构罕遇地震下隔震支座底部的竖向力、水平力和力矩进行承载力验算。

2. 隔震层以下的结构（包括地下室和隔震塔楼下的底盘）中直接支承隔震层以上结构的相关构件，应满足嵌固的刚度比和隔震后设防地震的抗震承载力要求，并按罕遇地震进行抗剪承载力验算。隔震层以下地面以上的结构在罕遇地震下的层间位移角限值应满足表 12.2.9 要求。

3. 隔震建筑地基基础的抗震验算和地基处理仍应按本地区抗震设防烈度进行，甲、乙类建筑的抗液化措施应按提高一个液化等级确定，直至全部消除液化沉陷。

隔震层以下地面以上结构罕遇地震作用下层间弹塑性位移角限值　　表 12.2.9

下部结构类型	$[\theta_p]$
钢筋混凝土框架结构和钢结构	1/100
钢筋混凝土框架-抗震墙	1/200
钢筋混凝土抗震墙	1/300

附录6 隔震设计技术审查要点

隔震结构设计说明及图纸内容审查 附表6.1

规范名称	条文号	条文内容	审查内容要点及说明
		1. 结构设计说明及图纸一般性内容	详见住房城乡建设部《建筑工程施工图设计文件技术审查要点》相关章节
		2. 隔震结构设计说明及图纸专项技术内容	隔震结构应专门写一个隔震结构专项设计说明
建筑抗震设计规范 GB 50011—2010	12.1.3	建筑结构采用隔震设计时应符合下列各项规定: 1. 结构高宽比宜小于4,且不应大于相关规范规程对非隔震结构的具体规定,其变形特征接近剪切变形,最大高度应满足本规范非隔震结构的要求;高宽比大于4或非隔震结构相关规定的结构采用隔震设计时,应进行专门研究。 2. 建筑场地宜为Ⅰ、Ⅱ、Ⅲ类,并应选择稳定性较好的基础类型。 4. 隔震层应提供必要的竖向承载力、侧向刚度和阻尼;穿过隔震层的设备管线、配线,应采用柔性连接或其他有效措施以适应隔震层罕遇地震水平位移	1. 对建筑物高宽比复核: 一般建筑物控制值:4; 不应超过相应非隔震结构的高宽比; 砌体结构:见《建筑抗震设计规范》第7.1.4条; 钢结构:见《建筑抗震设计规范》第8.1.2条; 高层混凝土结构:见《高层建筑混凝土结构技术规程》第3.3.2条; 高层混合结构:见《高层建筑混凝土结构技术规程》第11.1.3条; 其他结构体系要求见国家现行相关规范及规程要求; 超过4或上述条文规定的高宽比,设计文件中应有专门研究的结果(或结论)。 2.1)设计文件应提供隔震层(构件)竖向承载力验算、侧向刚度、阻尼的数值。 2)设计说明中应提供隔震层罕遇地震水平位移值,并核查设计说明中罕遇地震水平位移是否与计算文件一致。 3)图纸中需注明穿过隔震层的设备管线、配线,应采用柔性连接或其他有效措施以适应隔震层罕遇地震水平位移
	12.1.5	隔震和消能减震设计时,隔震装置和消能部件应符合下列要求: 1. 隔震装置和消能部件的性能参数应经试验确定。 2. 隔震装置和消能部件的设置部位,应采取便于检查和替换的措施。 3. 设计文件上应注明对隔震装置和消能部件的性能要求,安装前应按规定进行检测,确保性能符合要求	1. 说明中应详细列出隔震装置(隔震支座)和消能部件(消能器)的性能参数。 2. 说明中应注明隔震装置和消能部件在安装前应按规定进行检测,并应根据产品标准给出检测值的误差限值。应给出产品的总数及检测的数量。 3. 设计文件中应注明定期检查及更换要求,如产品维护更换年限、检查的周期、特殊检查条件(过火、强风、中震、大震)、检查要求及合格标准等。 4. 隔震装置和消能部件周边一般不再设置永久性结构构件,若设置,施工图纸说明中应注明隔震装置和消能部件周边应留有足够空间以便于检查和替换

规范名称	条文号	条文内容	审查内容要点及说明
建筑抗震设计规范 GB 50011—2010	12.1.6	建筑结构的隔震设计和消能减震设计,尚应符合相关专门标准的规定;也可按抗震性能目标的要求进行性能化设计。	1. 隔震和消能减震结构设计的专门标准有: 建筑消能减震技术规程 建筑消能阻尼器 建筑隔震工程施工与验收规范 叠层橡胶支座隔震技术规程 建筑隔震橡胶支座 建筑工程抗震性态设计通则 应根据设计类型将以上规范规程列入设计文件(设计说明)中。 2. 是否按性能目标设计由设计单位和业主确定,如采用抗震性能目标,其目标应符合《建筑抗震设计规范》第 3.10.3 条,计算应符合《建筑抗震设计规范》第 3.10.4 条
	12.2.3	隔震层的橡胶隔震支座应符合下列要求: 1. 隔震支座在表 12.2.3 所列的压应力下的极限水平变位,应大于其有效直径的 0.55 倍和支座内部橡胶总厚度 3 倍二者的较大值。 2. 在经历相应设计基准期的耐久试验后,隔震支座刚度、阻尼特性变化不超过初期值的 ±20%;徐变量不超过支座内部橡胶总厚度的 5%	当隔震采用橡胶隔震支座时,审查内容要求如下: 1. 设计文件中应给出在压应力作用下水平极限变形参数; 2. 本条文的第 2 款内容是对橡胶隔震支座的技术性能要求保证,应在设计图纸(如总说明)中注明。这是对产品采购的技术要求
	12.2.7	隔震结构的隔震措施,应符合下列规定: 1. 隔震结构应采用不阻碍隔震层在罕遇地震下发生大变形的下列措施: 1)上部结构的周边应设置竖向隔离缝,缝宽不宜小于各隔震支座在罕遇地震下的最大水平位移值的 1.2 倍且不小于 200mm。对两相邻隔震结构,其缝宽取最大水平位移值之和,且不小于 400mm。 2)上部结构与下部结构之间,应设置完全贯通的水平隔离缝,缝高可取 20mm,并用柔性材料填充;当设置水平隔离缝确有困难时,应设置可靠的水平滑移垫层。 3)穿越隔震层的门廊、楼梯、电梯、车道等部位,应防止可能的碰撞	1. 应在图纸(设计说明)中列出隔震层在地震作用(大震)下的位移值; 2. 图纸中应对结构的竖向、水平隔离缝有明确的表示,其宽度应符合本条文规定; 3. 穿越隔震层的门廊、楼梯、电梯、车道等部位,图纸中应有防止可能的碰撞措施。当采用设置隔离缝的措施时,这些部位的缝宽、位置应在图纸中有明确表示,且缝宽应满足本条要求
		2. 隔震层以上结构的抗震措施,当水平向减震系数大于 0.4 时(设置阻尼器时为0.38)不应降低非隔震时的有关要求;水平向减震系数不大于 0.4(设置阻尼器时为0.38),可适当降低本规范有关章节对非隔震建筑的要求,但烈度降低不得超过 1 度,与抵抗竖向地震作用有关的抗震构造措施不应降低。此时,对砌体结构,可按本规范附录 L 采取控制构造措施	1. 在考虑水平地震作用时,当上部结构的抗震措施较本地区非隔震建筑的要求降低时,应复核水平向减震系数是否满足可以降低的规定,所降低程度是否满足本条规定不低于 1 度的要求;图纸说明中应列出水平向减震系数,同时应核查相关参数与计算书是否相符。 2. 检查在考虑竖向地震作用时,图纸中结构抗震构造措施是否降低了。如降低则违反规范要求。有关竖向地震作用的抗震构造措施见规范本条下的附注

规范名称	条文号	条文内容	审查内容要点及说明
建筑抗震设计规范 GB 50011—2010	12.2.8	隔震层与上部结构的连接,应符合下列规定: 1. 隔震层顶部应设置梁板式楼盖,且应符合下列要求: 1)隔震支座的相关部位应采用现浇混凝土梁板结构,现浇板厚度不应小于160mm; 2)隔震层顶部梁、板的刚度和承载力,宜大于一般楼盖梁、板的刚度和承载力; 3)隔震支座附近的梁、柱计算冲切和局部承压,加密箍筋并根据需要配置网状钢筋。 2. 隔震支座和阻尼装置的连接构造,应符合下列要求: 1)隔震支座和阻尼装置应安装在便于维护人员接近的部位; 3)外露的预埋件应有可靠的防锈措施。预埋件的锚固钢筋应与钢板牢固连接,锚固钢筋的锚固长度宜大于 20 倍锚固钢筋直径,且不应小于250mm	检查图纸中相关构件的构造是否满足本条文的规定,如隔震支座部位的楼板是否为梁板结构等

隔震结构计算书内容审查　　　　　　　　　　　　　　　附表 6.2

规范名称	条文号	条文内容	审查内容要点及说明
建筑抗震设计规范 GB 50011—2010		1. 结构计算书一般性内容	详见住房城乡建设部《建筑工程施工图设计文件技术审查要点》相关章节
		2. 隔震结构计算书专项技术内容	
	12.1.3	建筑结构采用隔震设计时应符合下列各项规定: 3. 风荷载和其他非地震作用的水平荷载标准值产生的总水平力不宜超过结构总重力的 10%	设计文件中应提供风荷载和其他非地震作用的水平荷载标准值产生的总水平力的计算结果,审查予以复核
	12.2.1	隔震设计应根据预期的竖向承载力、水平向减震系数和位移控制要求,选择适当的隔震装置及抗风装置组成结构的隔震层。 隔震支座应进行竖向承载力的验算和罕遇地震下水平位移的验算。 隔震层以上结构的水平地震作用应根据水平向减震系数确定;其竖向地震作用标准值,8 度(0.2g)、8 度(0.3g)和 9 度时分别不应小于隔震层以上结构总重力荷载代表值的 20%、30% 和 40%	1. 设计文件(计算书)中应给出结构隔震层的验算结果。 2. 设计文件(计算书)中应给出隔震支座竖向承载力验算、罕遇地震作用下的最大位移。 3. 隔震层以上地震作用计算: 1)水平地震影响系数应按本规范第 12.2.5 条计算; 2)应按照本规范第 12.2.5-4 条规定进行必要的竖向地震作用计算,计算竖向地震作用标准值应满足本条要求

规范名称	条文号	条文内容	审查内容要点及说明
建筑抗震设计规范 GB 50011—2010	12.2.2	建筑结构隔震设计的计算分析,应符合下列规定: 1. 隔震体系的计算简图,应增加由隔震支座及其顶部梁板组成的质点;对变形特征为剪切型的结构可采用剪切模型(图12.2.2);当隔震层以上结构的质心与隔震层刚度中心不重合时,应计入扭转效应的影响。隔震层顶部的梁板结构,应作为其上部结构的一部分进行计算和设计。 2. 一般情况下,宜采用时程分析法进行计算;输入地震波的反应谱特性和数量,应符合本规范第5.1.2条的规定,计算结果宜取其包络值;当处于发震断层10km以内时,输入地震波应考虑近场影响系数,5km以内宜取1.5,5km以外可取不小于1.25。 3. 砌体结构及基本周期与其相当的结构可按本规范附录L简化计算	1. 通常情况,隔震结构的整体计算分析建议采用程序计算,对于砌体可按附录采用"手算"; 2. 对采用时程分析法进行计算时,应复核其计算所采用的地震波的技术要求是否符合《建筑抗震设计规范》第5.1.2-3条要求。选取地震波时应采用符合隔震结构的地震波。 3. 地震波应符合规范相关要求。 4. 近断层的隔震结构,地震作用应按要求放大
	12.2.3	隔震层的橡胶隔震支座应符合下列要求: 3. 橡胶隔震支座在重力荷载代表值的竖向压应力不应超过表12.2.3的规定	本条第3款对橡胶支座的平均压应力提出控制性要求,是隔震设计的关键之一。 当隔震采用橡胶隔震支座时,审查内容要求如下: 设计文件中应给出隔震支座在重力荷载代表值的压应力验算,其结果应满足《建筑抗震设计规范》表12.2.3的限值
	12.2.4	隔震层的布置、竖向承载力、侧向刚度和阻尼应符合下列规定: 1. 隔震层应设置在结构的底部或下部,其橡胶隔震支座应设置在受力较大的位置,间距不宜过大,其规格、数量和分布应根据竖向承载力、侧向刚度和阻尼的要求通过计算确定。隔震层在罕遇地震下应保持稳定,不宜出现不可恢复的变形;其橡胶支座在罕遇地震的水平和竖向地震作用下,拉应力不应大于1MPa。 2. 隔震层的水平等效刚度和等效黏滞阻尼比可按下列公式计算(公式略)。 3. 隔震支座由试验确定设计参数时,竖向荷载应保持本规范表12.2.3的压力限值;对水平向减震系数计算,应取剪切变形100%的等效刚度和等效黏滞阻尼比;对罕遇地震验算,宜采用剪切变形250%的等效刚度和等效黏滞阻尼比,当隔震支座直径较大时可采用剪切变形100%的等效刚度和等效黏滞阻尼比。当采用时程分析时,应以试验所得回滞曲线作为计算依据	设计文件(计算书)中应给出以下内容: 1. 罕遇地震作用下各隔震支座对应的拉应力,且不大于1MPa; 2. 罕遇地震下的抗拉验算应考虑竖向地震作用; 3. 计算文件中应给出计算模型所采用的隔震支座等效刚度值并满足规范要求

规范名称	条文号	条文内容	审查内容要点及说明
建筑抗震设计规范 GB 50011—2010	12.2.5	隔震层以上结构的地震作用计算,应符合下列规定: 1. 对多层结构,水平地震作用沿高度可按重力荷载代表值分布。 2. 隔震后水平地震作用计算的水平地震影响系数可按本规范第 5.1.4、第 5.1.5 条确定。其中,水平地震影响系数最大值可按下式计算:$\alpha_{maxl} = \beta \alpha_{max}/\Psi$ 3. 隔震层以上结构的总水平地震作用不得低于非隔震结构在 6 度设防时的总水平地震作用,并应进行抗震验算;各楼层的水平地震剪力尚应符合本规范第 5.2.5 条对本地区设防烈度的最小地震剪力系数的规定。 4. 9 度时和 8 度且水平向减震系数不大于 0.3 时,隔震层以上的结构应进行竖向地震作用计算。隔震层以上结构竖向地震作用标准值计算时,各楼层可视为质点,并按本规范式(5.3.1-2)计算竖向地震作用标准值沿高度的分布	本条文主要为计算内容的要求,计算书中应给出(单列)以下内容: 1. 隔震后的水平地震影响系数 α_{maxl} 的计算、水平向减震系数; 2. 对多层建筑,为按弹性计算所得各层隔震和非隔震各层剪力的最大比值; 3. 对高层建筑,为按弹性计算所得各层隔震和非隔震各层剪力最大比值和倾覆力矩最大比值二者较大值(各楼层的水平地震剪力尚应符合本规范第 5.2.5 条对本地区设防烈度的最小地震剪力系数的规定,按隔震结构实际周期选取); 4. 当 9 度和 8 度时且水平向减震系数不大于 0.3 时,隔震层以上结构应进行竖向地震作用计算,并应给出相应计算结果; 上述计算结果应满足本条文规定以及对应的相关其他条文规定
	12.2.6	隔震支座的水平剪力应根据隔震层在罕遇地震下的水平剪力按各隔震支座的水平等效刚度分配;当按扭转耦联计算时,尚应计入隔震层的扭转刚度。 隔震支座对应于罕遇地震水平剪力的水平位移,应符合下列要求: $$u_i \leqslant [u_i] \quad (12.2.6\text{-}1)$$ $$u_i = \eta_i u_c \quad (12.2.6\text{-}2)$$	本条文主要为抗震计算内容的要求,审核计算书中各隔震支座水平位移计算是否符合规范要求
	12.2.8	隔震层与上部结构的连接,应符合下列规定: 1. 隔震层顶部应设置梁板式楼盖,且应符合下列要求: 2)隔震层顶部梁、板的刚度和承载力,宜大于一般楼盖梁、板的刚度和承载力; 3)隔震支座附近的梁、柱应计算冲切和局部承压,加密箍筋并根据需要配置网状钢筋。 2. 隔震支座和阻尼装置的连接构造,应符合下列要求: 2)隔震支座与上部结构、下部结构之间的连接件,应能传递罕遇地震下支座的最大水平剪力和弯矩	1. 设计文件(计算书)中应有隔震支座附近的梁、柱冲切和局部承压的验算; 2. 隔震支座与上部结构、下部结构之间的连接件的抗剪、抗弯验算(罕遇地震下)

规范名称	条文号	条文内容	审查内容要点及说明
建筑抗震设计规范 GB 50011—2010	12.2.9	隔震层以下的结构和基础应符合下列要求： **1.** 隔震层支墩、支柱及相连构件，应采用隔震结构罕遇地震下隔震支座底部的竖向力、水平力和力矩进行承载力验算。 **2.** 隔震层以下的结构（包括地下室和隔震塔楼下的底盘）中直接支撑隔震层以上结构的相关构件，应满足嵌固的刚度比和隔震后设防地震的抗震承载力要求，并按罕遇地震进行抗剪承载力验算。隔震层以下地面以上的结构在罕遇地震下的层间位移角限值应满足表 12.2.9 要求。 **3.** 隔震建筑地基基础的抗震验算和地基处理应按本地区抗震设防烈度进行，甲、乙类建筑的抗液化措施应按提高一个液化等级确定，直至全部消除液化沉陷	本条文主要审查计算书内容的完整性、符合性。 1. 应有罕遇地震工况的整体计算分析，给出各支座底部反力（包括竖向力、水平力和力矩）并以此反力进行隔震层支墩、支柱及相连构件的承载力验算； 2. 隔震层以下结构中直接支撑隔震层的相关构件应满足下列要求： a) 嵌固的刚度比要求， b) 隔震后的中震弹性要求， c) 隔震后的大震抗剪弹性要求； 3. 当隔震层位于地面以上某层时，隔震层以下地面以上的结构的位移应按罕遇地震验算层间位移角，其位移值应满足表 12.2.9 要求； 4. 隔震建筑地基基础的抗震验算和地基处理仍应按本地区抗震设防烈度进行，甲、乙类建筑的抗液化措施应按提高一个液化等级确定，直至全部消除液化沉陷

参 考 文 献

[1] 建筑结构可靠度设计统一标准 GB 50068—2001.

[2] 建筑结构荷载规范 GB 50009—2012.

[3] 建筑抗震设计规范 GB 50011—2010.

[4] 建筑地基基础设计规范 GBJ 50007—2010.

[5] 建筑桩基技术规范 JGJ 94—2008.

[6] 混凝土结构设计规范 GB 50010—2010.

[7] 建筑工程抗震设防分类标准 GB 50223－2008.

[8] 建筑结构隔震构造详图 03SG610—1.

[9] 叠层橡胶支座隔震技术规范 CECS 126：2001.

[10] 橡胶支座第 1 部分：隔震橡胶支座试验方法 ISO 22762—1：2005.

[11] 橡胶支座第 3 部分：建筑隔震橡胶支座 GB 20688.3—2006.

[12] 建筑工程叠层橡胶隔震支座施工及验收规范 DBJ 53/T—48—2012.

[13] 建筑工程叠层橡胶隔震支座性能要求和检验规范 DBJ 53/T—47—2012.

[14] 建筑工程抗震性态设计通则（试用）CECS 160：2004.

[15] 叠层橡胶支座基础隔震建筑构造图集 DBJT 25—99—2003.

[16] 海口海甸岛房地产开发总公司海口寰岛实验学校初中部岩土工程勘察报告．中国有色金属长沙勘察设计研究院有限公司．

[17] YJK 软件帮助文件．

[18] YJK 隔震结构设计应用手册．北京盈建科软件股份有限公司，2016，06.

[19] 徐至钧．建筑隔震技术与工程应用．北京：中国质检出版社，中国标准出版社，2013，1.

[20] 陈岱林．结构软件难点热点问题应对和设计优化．北京：中国建筑工业出版社，2015，9.

[21] 周福霖．隔震、消能减震和结构控制技术的发展和应用．世界地震工程，1990（1）：16-20.

[22] 叶列平译．图解隔震结构入门，日本免震构造协会编．北京：科学出版社，1998.

[23] 唐家祥，刘再华．建筑结构基础隔震．武汉：华中理工大学出版社，1993.

[24] 邹立华，赵人达．组合隔震结构的振动控制研究．振动与冲击，2005，24（2）：80-83.

[25] 杨永丽．隔震建筑中的隔震构造处理．建筑设计，2010，6.

[26] 周福霖．工程结构减震控制．北京：地震出版社，1997.

[27] 谢礼立，马玉宏．现代抗震设计理论的发展过程．国际地震动态，2003，10.

[28] 刘文光译．隔震结构设计，日本建筑学会编．北京：地震出版社，2006.

[29] 蒋通译．被动减震结构设计、施工手册，日本隔震结构协会编著．北京：中国建筑工业出版社，2005.

[30] 谢礼立等译．工程隔震概论．R. I. Skinner，W. H. Robinson，G. H. Mcverry 著．北京：地震出版社，1996.

[31] 党育，杜永峰，李慧．基础隔震结构设计及施工指南．北京：中国水利水电出版社，2005.

[32] 李杰，李国强．地震工程学导论．北京：地震工程出版社，1992.

[33] 谢礼立，马玉宏．现代抗震设计理论的发展过程．国际地震动态，2003，10.

［34］ 李爱群．工程结构抗震与防灾．南京：东南大学出版社，2003．

［35］ 谭平，周福霖．国家标准《建筑抗震设计规范》（GB 50011—2010）疑问解答（八）．建筑结构，2011，7．

［36］ 周锡元，俞瑞芳．建筑结构抗震设计方法的新进展．建筑结构，2006，1．

［37］ 黄永林．设备隔震设计．北京：地震出版社，2006．

［38］ 周德源，张晖．建筑结构抗震技术．北京：化学工业出版社，2006．

［39］ 祁皑，林云腾，郑国琛．层间隔震结构工作机理研究．地震工程与工程振动，2006（04）．

［40］ 赵亚敏，苏经宇，马东辉．建筑结构基础隔震标准化研究．世界地震工程，2006（01）．

［41］ 霍维捷．日本建筑结构抗震技术现状．上海建设科技，2005（06）．

［42］ 付德宗，何广杰，周灵源．橡胶支座隔震结构弹塑性时程分析．四川建筑，2005（05）．

［43］ 苏经宇，曾德民．我国建筑结构隔震技术的研究和应用．地震工程与工程振动，2001（S1）．

［44］ 樊剑，唐家祥．带限位装置的摩擦隔震结构动力特性及地震反应分析．建筑结构学报，2001（01）．

［45］ 王海华，张延润，戴俊伟等．既有框架剪力墙隔震性能研究．福建建设科技，2016（04）．

［46］ 刘华，刘丹丹．建筑结构层间隔震技术与应用．江西建材，2016（19）．

［47］ 许奇．建筑隔震结构概述．黑龙江科技信息，2016（23）．

［48］ 张畅，顾本．云南某小学教学楼隔震分析与计算．中外建筑，2016（08）．

［49］ 丁利勇．减震及隔震层在现代建筑中的应用．低碳世界，2016（16）．

［50］ 尚守平，杨龙．钢筋沥青隔震层位移控制研究．土木工程学报，2015（02）．

［51］ 卢惟铭．某隔震房屋的施工质量控制与管理．福建建筑，2013（03）．

［52］ 殷许鹏，潘文，宋廷苏等．建筑隔震工程施工质量验收标准研究．施工技术，2013（09）．

［53］ 丰定国，王清敏，钱国芳等．工程结构抗震．北京：地震出版社，2000．

［54］ 李守恒．乌鲁木齐建筑隔震技术应用规定．乌鲁木齐建筑学会．

［55］ 减隔震建筑施工图设计文件技术审查要点．住房和城乡建设部，中国建筑科学研究院，2015，6．

［56］ 住房城乡建设部关于房屋建筑工程推广应用减隔震技术的若干意见（暂行）建质〔2014〕25号，2014，2．